食趣：欧文和无国界创意厨房

欧文 著

浙江出版联合集团
浙江科学技术出版社

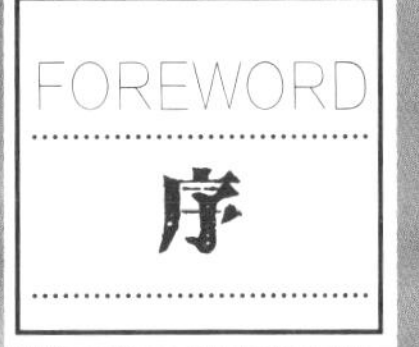

我与欧文（李一俊），相识已久。我们皆为“馋人”，常以“老饕”自谓，在吃的领域涉猎多年，甚是投机。记得刚进厨房时，李一俊的勤勉好学给团队留下了深刻的印象，后厨的生活也因他的细心与勤奋变得多姿多彩。这么多年来，在厨房的训练让他日趋成长，我很高兴他找到了自己的兴趣与矢志不渝的事业。听闻他的新书即将出版，着实为他高兴，故漫笔序言以表祝贺。

这是一本关于美食的探索与融合的书，有腔调，有情感，希望看了书的你能放慢生活的节奏，沉浸于美食的世界。

一本温暖的菜谱，一份难忘的味道……品味飨宴，我们就从这里开始。

香格里拉酒店集团　张剑

始终相信，越是立足本土的越能跨界国际——对自家土地环境中育成的传统食材和祖辈饮食经验里累积的烹饪技术，用心认识，细心掌握，反复实践，一定能有所启发感悟，更敢于放肆混搭。敏捷努力如欧文，已经在这无国界料理的长路上交出了面前亮丽的成绩，跨出了活力十足的稳妥大步！

香港美食作家　欧阳应霁

I have very beautiful memories working at the Holiday Inn of Hangzhou, the city eulogized as the paradise on earth. In my over 30 years in hotel industry, Hangzhou was the place where I worked the longest. I met and worked with Owen there. The first time I saw him, my intuition told me that this guy would make it in this challenging culinary world. He has the passion in his eyes to succeed as a Chef.

Colin, Singapore InterContinental Hotels Groups(IHG) Executive Chef

我在杭州假日酒店工作的时光是非常美好的一段回忆。杭州是一座美丽的城市，有“人间天堂”的美誉。在我 30 多年的职业生涯里，杭州是我待得最久的地方。我在那里遇见了欧文，并共事了一段时间。第一次见到欧文的时候，我的直觉就告诉我这个家伙肯定能在这个充满竞争的美食圈子里占有一席之地。因为从他的眼睛里，你能够看到他对美食的热爱和想要成为一名主厨的渴望。

新加坡洲际酒店行政总厨　Colin

欧亚厨艺大融合，文章贯日显奇才！欧文文彩好，厨艺好，为人谦逊，既秉承传统，又具有开创精神。这本集欧文厨艺、文学修养于一体的书，既是青年厨师的工具书，更是厨艺爱好者不可多得的料理好伴侣！

国际餐饮协会（IFBA）副主席兼荣誉会长 法国厨皇会远东区最高荣誉主席 李铁钢

长得帅的男人很多，长得帅会烧菜的男人也很多，长得帅会烧菜还能出书的男人就不多了！印象里欧文是个很有创意的优秀厨师，记得当年员工大会上我就预言：未来一定属于像欧文这样有型有心的潜力股！希望欧文坚持梦想，不忘匠心，我看你有戏。

雷迪森酒店行政总厨 李炳清

欧文阳光、帅气，对生活充满热情，对厨艺精益求精。我们是好友加同事，有共同的爱好，喜欢美食与摄影。《食趣：欧文的无国界创意厨房》创意独特，巧妙地将东方美食、西式美食、东南亚美食用独特的手法完美诠释。借用他的话说就是真正做到了美食的开放与包容。这本书制作精良，图片精美，菜品精致，令人耳目一新，爱不释手。

西溪喜来登度假大酒店副总 马宁

2015 的秋天，我们在西子湖畔不谋而合，这或许是一次美食与摄影的完美结合。无数次讨论之后，我们确立了方向，制定了目标，在深思熟虑下我们开始了拍摄。我们去农村收板材，去网上淘餐盘，甚至还求助国外的小伙伴来帮忙。我们通宵达旦、日以继夜，只为设计出有格调但又容易上手的跨界美食。

书里许多菜品的灵感是在美食、美酒以及有着爵士乐的环境中激发出来的。它们好吃、好做、好看还有腔调，有些是快手菜有些则需要花稍微多一些时间制作，但总体都不会太复杂，绝对颠覆你对美食的理解，提升你的审美，强化你的烹饪技艺。

拍摄期间困难重重，很多看似容易的菜品却非常容易出错，看似很简单的食材却非常难拍摄。可谓是失败了无数次，思考了千百回。有时候，光是一块装饰的口布就要布置大半天。我竭尽全力拍摄每张照片，不厌其烦地一遍遍调整，力求达到最佳效果。

我们用了近两年的时间来制作这本书，这对我来说绝对是一次奇妙的经历。感谢欧文，感谢我的助手 Toon Wang 和 Feng Xia，没有你们我完成不了所有的拍摄。整个过程有很多乐趣，当然也难免有不快。一路走来，五味杂陈，难免蜿蜒曲折，所幸快至终点。艺无止境，不可辜负，热爱我的热爱，期待你的期待。

本书食谱摄影师 陈帅

PREFACE

前 言

大家好！我是欧文（Owen），一个爱美食、爱摄影的大男孩。非常感谢您选择了这本美食书，跟着我一起开启神奇的美食之旅。

我的真名叫李一俊。欧文是我的英文名字，是我刚踏上学厨之路时在厨房里取的。从学厨开始，欧文这个名字就一直跟随着我，已经有十多年了。现在回想起来我从小就与美食有着不解的缘分。我爸爸是一个非常会做菜的人，对食材的选择和制作都很有自己的想法。记得每次他做菜时，我都会趴在旁边看着他做（其实是抵御不了美食的诱惑，在一旁偷吃）。也许是因为爸爸做得一手好菜，我从小就长得肉鼓鼓的。而且在爸爸的影响下，我读小学的时候就对厨房产生了浓厚的兴趣，会有模有样地炒个蔬菜、蒸个蛋羹什么的。

但是我真正开始厨艺生涯，是在我机缘巧合之下报读了厨艺学校之后。因为当时还没有西餐、西点专业，所以理所当然学了中餐。也因为是自己喜欢的专业，我学得特别认真、刻苦，心中认定自己将来一定要做一名中餐大厨。但命运总是那么有趣，当我满怀激情去一家星级酒店的厨房参加第一次实习时，我发现自己所在的厨房和想象的有点不大一样。这个厨房没有想象中的一大片的中餐炉灶和各种中式食材，取而代之的是一个个烤箱、炭火扒炉，用的食材也是牛排、意面、芝士等西式食材。也许是自己阅历太浅，直到实习的第三天我才发现自己被分配到了西厨房。这让当时一心想在中餐领域取得一番成就的我相当失落。幸好当时的厨师长可能发现了我这一状况，耐心地开导我，让我多去尝试一些新的事物，我也领悟到了无论什么职业都要去认真尝试的道理。

经过一段时间的实习，我逐渐发现了西餐的魅力之处。学习西餐可以接触到很多新鲜、有趣的食材。特别喜欢西餐那种自由的可塑性，你可以发挥自己的创意，给美食摆出各式精美的造型。而且通过学习西餐，你可以接触到来自世界各地的美食文化，开阔眼界。从刚开始的失落到后来的惊喜再到现在的狂热，我在美食的世界里慢慢地成长。但是，虽然我在美食领域从厨工做到了厨师长，级别、报酬越来越高，但是后厨工作的局限性和每天重复的机械的工作模式，也让我渐渐找不到当初学厨的那份不断创新、不断尝试的初心了。因此在我 28 岁的那一年，我做了一个重要决定——辞去酒店工作，**成为真正能够去做自己想做的美食的人**。也是因为这个决定，促成了我这本书的出版。

做了这么多年的美食，我美食的触角已经从最初的中餐延伸到了很多其他地区的美食，我从未将自己局限在某个区块，法餐、意大利菜、东南亚菜、日本料理，都是我非常乐意尝试和探索的。我也渐渐领悟到地域的界限没有那么重要，**做出纯正的菜品固然可喜，但是取各家吸引我的部分，为我所用，创造出自己喜欢的味道，也是一件十分有趣的事情**。这些年来我总想给自己掌握和喜爱的美食做一个留存和记录，并和大家分享。幸运的是，在一个图书发布会上我遇见了我的编辑，沟通之后她觉得我的这些经历和美食都很适合以书的形式呈现。因此一拍即合，这本书的制作也得以马上运作起来。

这本书里都是我自己特别喜爱且很有意思的美食。菜品加入了各国美食的制作元素和食材，且更多地运用了烤箱等一些现代烹饪设备去完成。全书主要分成各式酱汁、东方美食、西式美食、甜品 & 面包、鸡尾酒 & 小食五部分，汇集了我这些年来的美食心得。

在酱汁类中不光有传统的意面四大酱汁、东南亚酱汁，更加入了我自己原创的牛肉酱。一款好的酱汁可以让美食改头换面，相信本书的酱汁也能给你带来惊喜。东方美食是最接近我们口味的美食，也是我自己最爱的一些美食，相信书中的菜式一定可以征服你的味蕾。西式美食融合了西方各个国家的代表菜式，像西班牙海鲜饭、德国黑啤烤猪肘，相信在学习这些美食的同时也能让你体验到些许当地的风土人情。甜品、面包相信很多人都会喜欢，惊艳讨巧的外形加上富有层次的口感，必定会俘获你的心。书中我介绍的都是一些制作相对简单并且经典的高颜值甜品，只要一台烤箱就可以大大丰富你的厨房生活。鸡尾酒、小食是我在这本书里献给大家的礼物和惊喜。我喜欢鸡尾酒那惹人喜爱的外表，更爱它不断创新的味道、外形带来的新鲜感。一桌丰盛的美食也少不了一杯精美的鸡尾酒作为调剂。想象一下在亲朋好友面前调一杯精美的鸡尾酒露上一手，再配上精美的小食，你的生活态度体现得淋漓尽致。

这本美食书代表着我的经历，也代表着我想不断研究、学习新鲜的事物，认真对待美食和生活的人生态度。希望大家能够喜欢我做的美食，相信你也能从这本书得到启示，**融合出属于自己的味道**。

PART1

各式酱汁

Sauces

PART2

东方美食

Eastern Cuisine

PART3

西式美食

Western Cuisine

PART4

甜品 & 面包

Desserts & Bread

PART5

鸡尾酒 & 小食

Cocktails & Snacks

PART1

Sauces

一款好的酱汁可以改变食材固有的味道，使其变得更加精彩，富有层次。如果说意大利菜的代表是各式意面的话，那意面酱汁就是它的灵魂。只要配上传统的红、青、白、褐四大酱汁，意面立马就有了鲜活的生命力。而在中国，可能一碗普通的白米饭配上两勺手工牛肉酱，就可以让你幸福感爆棚，感受到家的味道。本篇有意式肉酱的醇厚、蟹粉的鲜美，也有松子罗勒酱的清新、番茄酱的热情，不同种类、不同颜色的酱汁仿佛代表着不同的心情，代表着烹者的情绪和心境，其乐无穷。

XO 酱是一种相当美味的酱汁，由瑶柱配以虾干、火腿熬制而成。记得最早见到它是在酒店的粤式餐厅。XO 酱在粤餐中使用率很高，制作时选用的食材也如粤餐那般高端。在炒菜、拌菜中加入一点，可以大大提升菜肴的风味。我也很喜欢这个酱汁，在最简单的炒饭中加入一点，绝对会带来完全不一样的味觉体验。

XO sauce

经典港式 XO 酱

原料

瑶柱 500 克	蒜头 100 克	红椒碎 100 克
虾干 150 克	鱼露 50 毫升	冰糖 15 克
金华火腿末 50 克	生抽 20 毫升	蚝油 8 毫升
红葱头 300 克	色拉油适量	

制作方法

❶ 将红葱头、蒜头切成末。

❷ 将虾干和瑶柱泡 1 分钟，洗净沙线，放入锅内蒸 10 分钟。将泡软的瑶柱用刀背压碎，或者用手撕开。将虾干剁碎。

❸ 锅中放油，倒入红葱头末、蒜头末。待油热后，转小火慢慢将末熬成金黄色，捞出即为红葱头酥。将剩下的红葱头油留置一边待用。

❹ 锅中放油，待油温七成热时放入瑶柱碎、金华火腿末和虾干碎，油要盖住瑶柱。待香味发出后，加入冰糖和红椒碎，边搅拌边熬（防止粘锅）。

❺ 待水分快干时，放入红葱头酥、蚝油、鱼露继续搅拌。水分干时，加入红葱头油搅拌均匀，以生抽调味即可。

- 色拉油可以用虾油代替，虾油是虾壳加入葱、姜与色拉油熬制而成的。
- 熬制 XO 酱的时候，油要没过食材。
- 可以采用碎的瑶柱，性价比较高。

桑巴酱可以说是我最喜欢的酱汁了。记得我入职杭州国际假日酒店后的第一任总厨就是新加坡籍的 Chef Colin，做得一手地道的南洋菜。从那时起我就不知不觉地爱上了南洋菜，新加坡辣椒蟹、肉骨茶、叻沙都是我最爱的美食。简单地说，桑巴酱就是辣椒虾酱，用当地上好的虾酱，加上开洋碎、洋葱、辣椒、柠檬草，再以柠檬汁调味，鲜、香、辣俱佳。桑巴酱在南洋菜中使用频繁，传统南洋美食印尼炒饭就是以它作为主料来烹制的。也可以用它来腌制鸡腿或鱼类，特别是炒制鱿鱼、虾球的时候，加一勺桑巴酱可以大大提升菜肴的风味。

Sambal belachan

南洋桑巴酱

原料

虾干 300 克	新鲜辣椒 100 克
小鸡尾洋葱 100 克	辣椒粉 50 克
大蒜 80 克	柠檬汁 30 克
生姜 50 克	糖 30 克
虾酱 50 克	茄膏 15 克
柠檬草 3 根	色拉油 300 毫升
香叶 2 片	

制作方法

❶ 将小鸡尾洋葱、大蒜、生姜、虾干、辣椒切碎待用。

❷ 在锅内加入 300 毫升色拉油，待油温六成热时加入小鸡尾洋葱、大蒜、生姜末炒香。

❸ 加入虾酱、柠檬草、茄膏开小火炒 3 分钟，加入虾干末、辣椒末、辣椒粉、柠檬汁、香叶，边搅拌边熬 30 分钟。

❹ 最后加入糖调味即可。

Tips

- 虾酱最好使用呈膏状或块状的马来西亚虾酱，炒出来虾味比较浓郁。
- 熬制桑巴酱时需要不停地搅拌酱汁，以防结底。

这是一道极富江南风味的酱汁，用了南方人比较喜爱的冬笋和黄豆瓣酱，再加了鲜美的牛肉末。我喜欢叫它万能酱。平时工作忙碌，不想做饭的时候，只要一碗米饭配上我的万能酱，不一会儿一碗饭就被消灭了。你可以在有空的时候熬上一大锅，放在家或公司的冰箱里，没胃口或想不好吃什么的时候，它一定是你的不二选择。

Owen's beef sauce

欧文的牛肉酱

原料

牛肉 500 克	香菜 40 克	桂皮 3 克	糖 20 克
冬笋 250 克	老姜 30 克	草果 2 颗	蚝油 50 毫升
香菇 250 克	大蒜 40 克	花生油 800 毫升	白酒 30 毫升
洋葱 150 克	八角 2 克	黄豆瓣酱 200 克	五香粉 15 克

制作方法

❶ 将洋葱切块，老姜切片，大蒜、香菜切末。

❷ 在花生油里加入洋葱块、姜片、蒜末、香菜末、八角、草果、桂皮，用小火熬制 10 分钟，过滤残渣制成香油。

❸ 将牛肉切末，冬笋、香菇切丁。

❹ 锅烧热，加入少许香油，倒入牛肉末炒香后加入冬笋、香菇丁，淋上白酒，加入黄豆瓣酱、蚝油、糖、五香粉和剩余的香油后小火熬制 25 分钟即可。

● 熬香油时，利用花生油的高温将原料的香味熬制出来。熬制的时候需要用中火慢慢熬制，将原料熬干即可过滤，撇除残渣。

● 熬制牛肉酱时需要不断搅拌，防止粘锅。

Crab meat sauce 蟹粉

秋风起，蟹脚痒，每当入秋时，大闸蟹也开始丰收了。大闸蟹的鲜美人尽皆知，特别是阳澄湖的大闸蟹，蟹肉鲜甜，蟹膏肥美。大闸蟹最佳的食用方法是将蟹捆好，放入冷水锅中煮制，再配上姜醋和黄酒一起食用，可说是人间美味。淮阳菜作为国菜，更是把大闸蟹的做法推到了一个新的高度。它将蟹肉制作成蟹粉，做出蟹粉小笼包、蟹粉狮子头、蟹粉豆腐这些响当当的名菜。正因如此，蟹粉在淮阳菜中占有举足轻重的地位。

原料

大闸蟹 2 只	色拉油 40 毫升
姜末 20 克	陈醋 10 毫升
猪油 15 克	盐、白胡椒粉适量

制作方法

❶ 先将大闸蟹的蟹肉剥出来待用。剩下的蟹壳与色拉油一起熬成蟹油。

❷ 再把熬好的蟹油与猪油混合在一起烧热，加入姜末炒香后，倒入剥好的蟹肉一起炒香，加入水，用小火慢慢熬 20 分钟。

❸ 最后加入陈醋、盐、白胡椒粉调味即可。

Tips

- 取出蟹肉的过程比较麻烦，可以使用专门用来取蟹肉的工具。
- 蟹粉可以用于调制肉馅、炒菜、拌饭等。

意大利菜里有四大著名的酱汁，红酱（番茄酱）、褐酱（牛肉酱）、青酱（松子酱）、白酱（奶油酱）。其中白酱以其香浓细腻的口感，俘获了许多女孩子的味蕾，著名的奶油培根意面就是以这个酱汁作为底酱的。白酱由黄油面加上牛奶和一些香料熬制而成，其中使用黄油面的目的和我们使用淀粉的目的是一样的，都是为了增加食材的厚度，以达到所需要的口感。注意，这本书中好几道菜都用到了这道酱汁。

Creamy bechamel sauce

传统意式白酱

原料

黄油 50 克　洋葱 10 克
面粉 60 克　丁香 2 颗
牛奶 300 毫升　豆蔻粉 2 克

制作方法

❶ 将黄油在锅内化开，加入面粉混合，开小火慢慢炒香（大约炒 1 分钟，炒至面糊呈粒状即可）。

❷ 将 1/3 的冷牛奶倒入锅中（边倒边搅拌至无颗粒状即可），再倒入剩下的牛奶搅拌均匀，制成白汁。

❸ 在白汁中加入洋葱、丁香、豆蔻粉，小火熬 5 分钟即可。

- 化黄油的时候锅温不能太高，黄油熔点较低，很容易烧焦。
- 熬制酱汁时需要使用复合底或不粘底的锅，而且要不停搅拌，防止粘锅。
- 如果酱汁里有面块没有搅匀，可以使用网筛进行过滤。

白兰地樱桃果酱，在新鲜的樱桃中加入白兰地，酸甜中带有微微白兰地的香。樱桃果酱是早餐的最佳伴侣，可以配上全麦吐司面包，也可以抹在瑞士卷里制作成樱桃瑞士卷，再来一杯热牛奶，一份营养又美味的早餐就这么新鲜出炉了。

Brandy and cherry sauce
白兰地樱桃果酱

原料

新鲜樱桃 500 克
糖 40 克
柠檬半个
白兰地 30 毫升

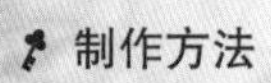

制作方法

❶ 将大樱桃洗净，用小刀在中间对半划开，掰开，去核。

❷ 在樱桃肉中加 40 克糖和 30 毫升白兰地。拌匀后盖上保鲜膜，在冰箱冷藏一个晚上，腌制出樱桃汁。

❸ 用半个柠檬挤出柠檬汁。

❹ 将腌制好的樱桃倒入不锈钢锅中，加入柠檬汁，中火烧开，小火慢熬 30 分钟至浓稠即可。

百香果也叫做热情果（passion fruit）。个人非常喜欢它那清新的果香和酸爽的味道，就好比柠檬一样，果酸含量极高，可以瞬间打开你的味蕾，激发你的热情，所以大家会叫它热情果。百香果酱看上去让人食欲大增，金灿灿的果酱配上黑色的百香籽，会让人忍不住想马上来一勺。

Passion fruit sauce
百香果酱

原料

百香果肉 300 克
白砂糖 170 克
麦芽糖 25 克
蜂蜜 20 克
柠檬汁 10 毫升

制作方法

❶ 将百香果对半切开，用勺子挖出果肉待用。
❷ 将果肉放入不锈钢锅中烧开，撇去浮沫。
❸ 加入白砂糖、麦芽糖、蜂蜜、柠檬汁，中火熬 15 分钟左右至浓稠即可。

Tips

● 熬制百香果酱的时候需要定时不断地搅拌，防止粘锅。
● 将制作好的果酱装入保鲜盒放冰箱冷藏，可以保存 15 天左右。

番茄酱（tomato sauce）将新鲜番茄与罗勒一起炖煮，口味酸甜、浓郁，是意大利传统基础酱汁之一，在意大利菜中使用频繁，几乎每家意大利餐厅必备，可以说是意大利菜的精粹。番茄酱色泽鲜红，气味芳香，是女生的最爱。你可以将番茄酱加入海鲜或肉类中用于制作意大利面，也可以用做披萨的底酱，都是不错的搭配。

Basil and tomato sauce

罗勒番茄酱

原料

番茄 5 只	糖 10 克
洋葱 50 克	香叶 1 片
大蒜 30 克	水 200 毫升
番茄膏 50 克	盐适量
罗勒叶 10 克	橄榄油适量

制作方法

❶ 用刀给番茄去蒂，再在表面划十字刀，放入开水中泡 2 分钟后去除番茄皮和番茄籽，切成番茄丁。

❷ 将洋葱、大蒜切末。

❸ 在锅中倒入橄榄油，放入洋葱、大蒜末炒香后加入番茄膏，开小火炒 3 分钟左右（炒掉番茄的酸涩味）。

❹ 再加入番茄丁、罗勒叶、水、香叶，小火熬约 30 分钟。

❺ 最后加入糖、盐调味即可。

Tips

- 番茄膏（tomato paste）是用番茄浓缩而成的，与番茄沙司不同。
- 熬制酱汁期间需要定时搅拌，防止结底。

原料

罗勒 300 克	干辣椒 10 克
松子仁 100 克	橄榄油 300 毫升
帕马森芝士 80 克	盐 3 克
大蒜子 50 克	

制作方法

❶ 将松子仁在锅内炒香（不要加油，直接干炒）。

❷ 罗勒去除根、茎，只留叶子，洗净后在开水里烫 5 秒钟后捞起（在冰水里浸凉后挤干）。

❸ 将帕马森芝士刨成粉末。

❹ 准备一台搅拌机，将所有原料混合在一起打碎即可。

Tips

- 罗勒须使用新鲜的罗勒叶，在水中烫过后可以保证颜色的鲜嫩，增加它的香味。
- 橄榄油须选用初榨橄榄油。
- 松子罗勒酱的油可以单独过滤出来炒意面、涂抹面包或拌沙拉。

松子罗勒酱 Pesto sauce

松子罗勒酱是一种香味、口感都让人难忘的酱汁，其主要原料就是罗勒、松子、大蒜。加入炒香的松子，可以使这个酱汁的口味变得更加醇厚。松子罗勒酱的颜色翠绿，做出来的美食相当诱人，可以和海鲜一起用于制作意大利面，也可以在制作其他口味的意大利面时加入一点，增加香味。

你一定知道肉酱意面（spaghetti bolognese）吧，这是一道经典的意大利面食，在我工作过的酒店，肉酱意面都会出现在餐厅的菜单上，而且点单率超高。肉酱意面的精髓就在于它的酱汁。鲜美的牛肉，加上传统地中海风味的香料和烹饪方式制成味道纯正的那不勒斯牛肉酱，再淋在筋道十足的意面上，带你感受来自地中海的浓浓风情。

Naples beef sauce

那不勒斯牛肉酱

原料

牛肉末 1000 克	红酒 100 毫升（另备少许腌制牛肉用）
洋葱 100 克	百里香 10 克
西芹 100 克	罗勒叶 10 克
胡萝卜 100 克	香叶 1 片
番茄 200 克	盐、黑胡椒粉少许
水 300 毫升	橄榄油适量
番茄膏 150 克	

制作方法

❶ 先将牛肉末加盐、黑胡椒粉、红酒搅拌均匀，腌制 10 分钟，在锅内用旺火炒熟待用。番茄去皮、去籽切成丁。洋葱、西芹、胡萝卜切成末。

❷ 在锅内倒入橄榄油，加入洋葱、西芹、胡萝卜末炒香后加入番茄膏，小火炒 3 分钟左右（以去除番茄的苦涩味）。

❸ 再加入 100 毫升红酒炒香，加入牛肉末、水、香叶、百里香、罗勒叶，小火熬 50 分钟左右，将牛肉熬酥、酱汁熬浓稠即可。

❹ 最后用盐调味。

- 炒牛肉末的时候温度要高，这样可以锁住牛肉末中的水分。
- 牛肉末要炒散，不要结块。
- 番茄膏（tomato paste）是用番茄浓缩而成的，与番茄沙司不同。
- 熬制酱汁期间需要定时搅拌，防止结底。

PART2

东方美食

Eastern Cuisine

东方美食会用到各种神秘的食材，口味也复合多变，绝对是其他美食代替不了的。特别是在地域宽阔的中国，全国各地不同的文化、气候、风俗缔造出了各式令人回味的美食。邻国日本、韩国也各有特色，热衷于将食材最原始的味道奉献给食客，更有许多美食匠人几十年如一日地专注于美食制作。还有新加坡、马来西亚、泰国等地的东南亚美食，就和当地的美景一样绚丽多彩。这里的美食就仿佛有魔力似的，融合了众多当地特有的香辛料，有着极富激情的口感，可以瞬间打开人的味蕾。

Satay chicken sticks
南洋沙爹鸡肉串

提起马来西亚，就不得不提当地的美食。因为紧挨新加坡，所以马来西亚的美食会与新加坡的美食相互融合，都叫做南洋美食。马来西亚当地菜味道偏重，喜欢加入各种香辛料，像椰香饭、南洋沙爹串、排骨茶都是去马来西亚必点的美食，其中的沙爹串更以它独特的香味与口感闻名于世。

原料

鸡腿肉 2 只	生姜 10 克	黄姜粉 1 小勺	盐 1 勺
红葱头 1 个	香菜梗 20 克	糖 8 克	食用油 20 毫升
大蒜 3 瓣	咖哩粉 2 小勺	椰浆 15 克	

制作方法

❶ 将新鲜鸡腿肉洗净，去骨、去皮，切成约 3 厘米见方的鸡块，用厨房纸巾吸干水分待用。

❷ 将红葱头、蒜瓣、生姜、香菜梗切碎，与咖哩粉、黄姜粉、糖、盐、椰浆、食用油一起加入鸡块中搅拌腌制 10 分钟。

❸ 将腌制好的鸡肉用竹签穿好，放在烤盘上。

❹ 烤箱调成热风烧烤模式，预热到 200℃，把沙爹鸡肉串放入烤箱的中间层烤 25 分钟左右。

- 传统的沙爹串一般采用煎制的手法，用烤箱做这道菜不仅可以减少油烟，而且能更好地保留鸡肉中的水分，避免了煎制时因火候控制不佳而造成的食材水分流失，从而能更轻松地驾驭这道菜。
- 如果家里的烤箱没有热风烧烤功能，可以开启普通烘烤模式，温度设置为 200℃，将沙爹串放在烤箱最上面一层烘烤即可。

Fried cod marinated with miso

日式味噌银鳕鱼

日料以其新鲜的用料、精美的制作称著于世，在国际上也有很高的知名度。一提起日料，人们往往会联想到丰盛的刺身、精美的日式餐具，以及百搭的味噌汤。味噌是由发酵的大米和蒸煮过的大豆混合制成的，酱香独特，日本人对它尤其热爱，一日三餐都喜欢配上一碗味噌汤。除了可以做汤，味噌还可以拿来腌制鱼肉。鲜美清淡的鱼肉配上酱香浓郁的味噌酱，烤完鲜香扑鼻，别有一番风味！

原料

银鳕鱼 500 克	清酒 30 毫升	糖 5 克
白味噌 100 克	味淋 20 毫升	白芝麻 5 克

制作方法

❶ 将银鳕鱼洗净，用厨房纸巾吸干。

❷ 将白味噌、清酒、味淋与糖一起搅拌均匀。

❸ 将调好的酱汁均匀地抹在银鳕鱼的正反面，腌制 12 小时。

❹ 用厨房纸巾擦去银鳕鱼上的酱汁。烤箱设置成热风烧烤模式，温度调成 210℃，将鳕鱼放入烤箱从下往上数第二层，烤 15~20 分钟。

❺ 将白芝麻在锅内翻炒至有香味，出餐时撒在鳕鱼上即可。

Tips

- 银鳕鱼油脂含量较高，肉质易碎，需要切成 1.5 厘米厚的鱼排。
- 白味噌发酵时间较短，味道比较清淡，偏甜，比较适合用来腌制银鳕鱼。
- 银鳕鱼也可以用其他肉质肥美的鱼（如龙利鱼、鲅鱼等）代替。
- 如果家里的烤箱没有热风烧烤功能，可以把烤箱设置成普通烘烤模式，再把银鳕鱼块放在烤箱的中上层烘烤。

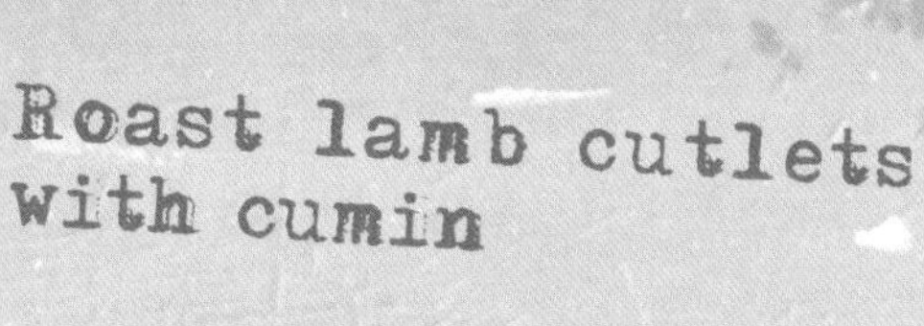

大漠孜香烤羊架

对于中国人来说，孜然、辣椒是最能够与烤羊排搭档的调料，比起其他制作方法，我也更喜欢中式的调味方式。中餐里调味酱汁是非常重要的，我在传统烤羊排的腌料中加入了花生酱和芝麻酱，利用这两种酱汁浓郁的香味去增强羊排香糯鲜嫩的口感。另外，选材也非常重要，我一般会选来自内蒙古的羊肉，那边的羊肉肉质肥美鲜嫩，特别适合烤制。

原料

羊肋排 1 块	辣椒碎 15 克	温水 20 毫升
香叶 2 片	孜然粉 20 克	芝麻酱 10 克
料酒 20 毫升	盐 5 克	白芝麻 10 克
盐适量	五香粉 3 克	色拉油 50 毫升
葱、姜、蒜适量	花生酱 15 克	

制作方法

❶ 羊排加葱、姜、蒜、香叶、料酒、盐入锅，再倒入清水至没过羊排，中火煮 40 分钟至能够用筷子较为轻松地戳入羊排，取出晾干。

❷ 花生酱用温水调匀，加入辣椒碎、芝麻酱、孜然粉、五香粉、盐、白芝麻、色拉油混合，均匀地涂抹在羊排的表面。

❸ 烤箱设置为热风烧烤模式，预热到 200℃，将羊排放入烤箱从下往上数第二层，烤 25~30 分钟即可。

Tips

- 煮羊排时加入的盐起到基本入味的作用，一般 1000 克水加 20 克盐。
- 烤的时候可以准备一个烤盘，先垫上锡纸，再放上一个烤架，将羊排放在烤架上烤制，这样可以更均匀地烘烤到羊排的四周。

Singapore chili crabs

新加坡辣椒蟹

因为受到早期新加坡主厨的影响，我对新加坡菜情有独钟，对当地一些口味浓郁的酱汁印象深刻。这道菜是我最早接触的南洋菜之一。新加坡美食给人的印象是热情火辣，这道新加坡辣椒蟹也一样，光看卖相就让人垂涎三尺，欲罢不能。因为新加坡同时受中、西两种文化的影响，这道菜的酱汁也同时融入了中西方的调味料。黑胡椒、辣椒、蚝油加上沙司和柠檬汁的精妙搭配，色味俱佳，很容易勾起人的食欲。

原料

青蟹 1 只	黑胡椒碎 5 克
面粉 200 克	番茄沙司 50 克
色拉油适量	水 80 毫升
洋葱末 20 克	1 个鸡蛋的蛋液
大蒜末 10 克	柠檬汁 20 毫升
红辣椒末 15 克	香菜 2~3 根（装饰用）
蚝油 10 毫升	

制作方法

❶ 将青蟹去鳃，对半切开，每半只再分切为 3~4 块，蟹脚用刀面拍一下。

❷ 将切好的青蟹的蟹肉部分粘上面粉。然后准备一个油锅加热至六成热，将青蟹倒入油锅炸熟之后捞起，沥干油。

❸ 将蚝油、番茄沙司、水混合搅匀，制成酱汁。

❹ 在炒锅中加入洋葱末、大蒜末、红辣椒末、黑椒碎炒香，倒入炸好的青蟹翻炒，再加入步骤 3 的酱汁，大火煮半分钟左右。

❺ 最后关火，加入蛋液、柠檬汁搅拌翻炒一下出锅，用香菜装饰即可。

● 将蟹肉粘上面粉再炸，可以在肉的表面形成一层保护膜，使蟹肉不易流出。

● 鸡蛋液起到使汤汁浓稠的作用，需要关火后倒入（加热时加的话会起蛋花）。

● 如何判断油温：三四成热的低温油油温为 90~120℃，油面泛白泡，无烟，当原料下锅时，原料周围出现少量气泡。五六成热的中温油油温为 150~180℃，油面翻动，青烟微起，原料周围出现大量气泡。七八成热的高温油油温为 200~240℃，油面转平静，青烟直冒。

水果与海鲜这两种貌似毫无关联的食材，经过一些特色酱汁的调味后可以完美地融合在一起，不过这种搭配恐怕也只有在盛产水果的东南亚国家才能大胆尝试。木瓜的香甜加上海鲜的鲜美，配上香辣酸鲜的酱汁，那口味我肯定你将一生难以忘怀。

原料

洋葱 20 克
新鲜木瓜 1 只
鱿鱼 150 克
虾仁 150 克
小辣椒 8 克
香菜 10 克
柠檬半只
鱼露 1 勺
盐少许

制作方法

❶ 新鲜木瓜去皮、去子切块。

❷ 鱿鱼洗净，切成鱿鱼花或者鱿鱼圈。虾仁开背，去除虾线。

❸ 煮一锅水，在水中加入少许盐和柠檬汁，烧开后放入鱿鱼和虾仁，待再次煮开即可捞出泡在冰水里过凉。

❹ 将洋葱、小辣椒、香菜切末，与木瓜块、海鲜、半只柠檬的汁、鱼露一起拌匀即可。

- 青木瓜清脆爽口，熟木瓜香甜可人，两者与海鲜搭配都会产生别样的口味，你可以自由选择一种与海鲜搭配。柠檬最好选用青柠檬，因为它的酸度更佳，适合这道菜肴的制作。
- 这道菜需要在食用前拌制，因为水果加入调味汁后时间久了会出水，口感会受到影响。

Papaya salad with seafood
木瓜海鲜沙拉

原料

去骨牛肋排 700 克	老抽 10 毫升
干香叶 5 片	盐 2 克
八角 2 只	冰糖 30 克
葱白 15 克	水 100 毫升 +1000 毫升
生姜片 15 克	花雕酒 30 毫升
色拉油 20 毫升	熟杏仁片 5 克
生抽 20 毫升	

Roast veal with almond

杏仁焖烤小牛肉

用烤箱做出来的传统中式菜肴，是一种怎样的口感呢？将食材和调料混合放入铸铁锅中，在锅面封上锡纸，盖上盖子。利用烤箱高温烘烤，通过“热风循环”功能使热量在锅中循环，将食材的香味和牛肉原有的鲜美封在容器中。这样焖烤出来的肉酥而不烂，喷香扑鼻。再加入焦糖让牛肉的色泽变得更加亮丽诱人，并且比普通炖煮出来的肉更加美味。

制作方法

❶ 将牛肋排切成约 4 厘米见方的大块，过水后用冷水冲凉。

❷ 在锅内倒入色拉油，加入葱白和生姜片煸炒一下后倒入牛肋排煎炒成金黄色。再淋入花雕酒，加入干香叶、八角。

❸ 将冰糖与 100 毫升水熬至焦糖色，再加入 1000 毫升水烧开。

❹ 将焦糖水和牛肉一起倒入铸铁锅中，加入生抽、老抽、盐，盖上锡纸，压上盖子。

❺ 烤箱调成 4D 热风模式，温度设置为 220℃，把装有牛肉的炖锅放入烤箱从下往上数第二层，烤 1.5 个小时。

❻ 烤完后取出倒入锅中，用大火将酱汁收浓，最后撒上熟杏仁片即可。

Tips

- 熬焦糖的时候应注意火候，观察颜色的变化，熬成褐色即可。
- 这里用的是铸铁锅，也可以用康宁锅或者其他可以耐高温的容器代替。
- 淋入花雕酒的时候应从锅子的四壁淋入，高温可以瞬间激发出花雕的香味。
- 取出揭开锡纸的时候注意涌出的蒸汽，避免烫手。

这是一道很适合在家制作的美食，桑巴酱的加入让它的口味大大地惊艳了起来。鲜美的虾仁搭配口感脆嫩的龙豆和夏威夷果，再配上用开洋、辣椒和多种东南亚香料制成的桑巴酱（做法参见第 19 页），做出来的沙拉色泽清爽、亮丽，味道浓郁，使人食欲大增。

桑巴龙豆炒虾球

Shrimp and longdou salad with macadamias

原料

青虾仁 200 克	蒜片 5 克	色拉油适量
龙豆 200 克	桑巴酱 1 小勺	料酒 2 小勺
夏威夷果 25 克	糖 3 克	淀粉 5 克
姜片 5 克	盐少许	

制作方法

❶ 虾去头、去壳留下尾巴的最后一节。用刀将虾背从头到尾划开（不要切断），去除虾线。

❷ 将处理好的虾用盐和料酒混合腌制，加入淀粉后拌匀，淋上少许色拉油。

❸ 将龙豆切成长约 3 厘米的片。

❹ 煮一锅水，在水里加入少许盐和色拉油，沸起后倒入切好的龙豆。再次沸起后加入腌制好的虾仁煮约 10 秒钟，再沥干水分用冷水冲凉。

❺ 准备一个炒锅，烧热后倒入少许色拉油，煸香蒜片、姜片后倒入沥干水分的虾仁和龙豆，加入料酒、桑巴酱、糖一起煸炒，最后加入夏威夷果后装盘即可。

Tips

- 龙豆又称四角豆，有四个边，吃起来比较脆，肉质饱满，一般在东南亚比较常见。我们也可以用荷兰豆、刀豆等其他食材来代替。
- 虾仁在水里煮的时间不宜过长，因为还要二次进锅翻炒，煮至半熟即可。
- 夏威夷果应在快出锅时倒入，也可以替换成腰果等其他坚果。
- 桑巴酱本身比较咸，可以根据自己的口味酌情增减。

原料

本鸡半只	姜片 10 克
榴莲肉 200 克	枸杞子 3 克
榴莲壳 100 克	水适量

榴莲一直以来都是一种让人又爱又恨的食物，它的气味浓烈，爱之者赞其香，厌之者怨其臭。如果你怕榴莲的特殊味道，那也许你更不会接受榴莲鸡汤。但是如果你抛开偏见品尝一下这道菜，你一定会对它另眼相看。我在初次看到这种做法的时候，也觉得它的味道让人难以想象，但尝了之后才发现，这种味道还是非常和谐美妙的。榴莲和鸡一起炖煮之后，榴莲的气味不再那么浓郁，变得十分柔和、清淡，与鸡肉的鲜美非常和谐地结合在了一起。也许你不喜欢榴莲，但是我相信你一定会爱上这道榴莲鸡汤！

Durian and chicken soup
榴莲鸡汤

制作方法

❶ 将鸡肉切块，冷水下锅烧开，边煮边撇去浮沫，将鸡肉完全煮熟。

❷ 将煮好的鸡肉块用水冲洗干净。

❸ 准备一个汤锅，加入鸡肉、榴莲肉、榴莲壳、姜片、枸杞子、水后用锡纸封住锅口，盖上盖子。

❹ 放入电蒸汽炉 100℃蒸 2 个小时即可。

● 我们选购榴莲的时候一定要挑选颜色偏黄，有点微微裂开，凑近闻起来有浓郁的榴莲味的榴莲，这样的榴莲比较好。

● 我在这里用的是蒸制的方法，这样蒸出来的汤汤色清澈，味道鲜美，而且不容易上火。如果想要上炉炖的话，可以先用大火烧开，再用中火慢炖（根据你所喜欢的酥烂程度炖 1~1.5 小时）。

● 加入榴莲壳可以使味道更加浓郁，在食用前去除即可。

Roast Spanish mackerel with lemongrass

是拉差香茅烤鲅鱼

我从来不掩饰我对泰餐的热爱，在这本书中也收录了许多泰国美食，这道是拉差香茅烤鲅鱼就是我想极力跟你推荐的一道，绝对让人印象深刻。是拉差辣椒酱很酸、很辣，且蒜香浓郁，是泰国的经典辣椒酱；香茅香味独特，有淡淡的柠檬味，两者相结合带来了浓浓的泰国风情。再配上酸芷、鱼露等很有当地特色的食材，一道带有浓浓传统泰式风味的美食就此诞生。

原料

鲅鱼 700 克	大蒜 10 克
红尖椒 15 克	酸芷 10 克
绿尖椒 15 克	南姜 10 克
香菜根 30 克	香茅 50 克

调料

是拉差辣椒酱 20 克	生抽 20 毫升
柠檬汁 30 毫升	老抽 3 毫升
鱼露 30 毫升	蚝油 5 毫升
白糖 10 克	

制作方法

❶ 将调料中的固体食材切碎，与其他调味料混合成烤鱼酱汁。

❷ 将鲅鱼去内脏、去鳞洗净，并在鱼身两面各划 3~4 刀，不能切断，用厨房纸巾吸干水分。

❸ 将调好的烤鱼酱汁均匀地涂抹在鱼身表面与内部，并用锡纸包好封口。

❹ 将烤箱调成 4D 热风模式，温度设置成 230℃，将鲅鱼放入烤箱从下往上数第三层，烤制 25 分钟左右即可。

Tips

● 鲅鱼可以用鲈鱼、鳜鱼等刺较少、肉质肥厚的鱼代替。

● 是拉差辣椒酱是一种蒜香辣椒酱，辣度的等级有很多种，可以根据喜好购买。酸芷在泰国可以做菜，也可以制作成饮料。这些都可以在电商购买到。

● 锡纸包住鱼的时候需要加入一些酱汁与鱼一起烘烤。烤箱温度要高，要在最短的时间内烤好，这样才不会影响鱼肉的鲜嫩度。也可以将鱼泡在酱汁里腌制 1 个小时后再放入烤箱烤。

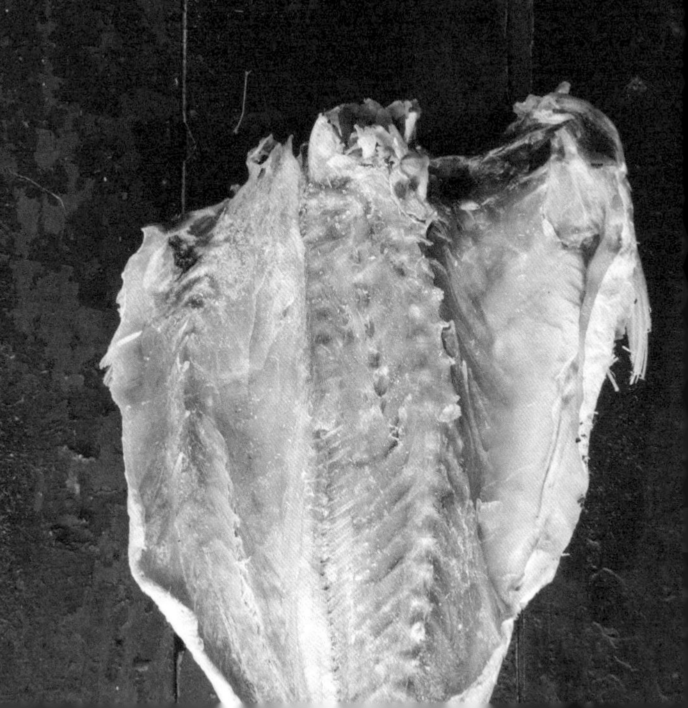

咖喱（curry）一直以来都深受各国人民的喜爱，但很多人都不清楚咖喱是分成很多种的，泰国、印度、马来西亚、日本的咖喱都有着不同的特性。我比较偏爱泰式咖喱，相比于其他国家的咖喱，泰式咖喱没有那么辛辣和油腻，其最大的特点就是加入了椰浆和柠檬汁，口感更加香醇、柔和、清新。记得第一次尝到好吃的泰式咖喱还是在去泰国游玩的飞机上，之后就对它念念不忘。如果再搭配一碗上等的泰式香米饭的话，那真是完美极了！

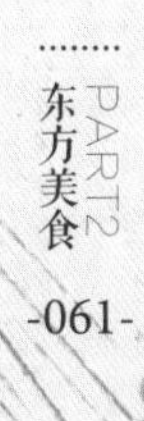

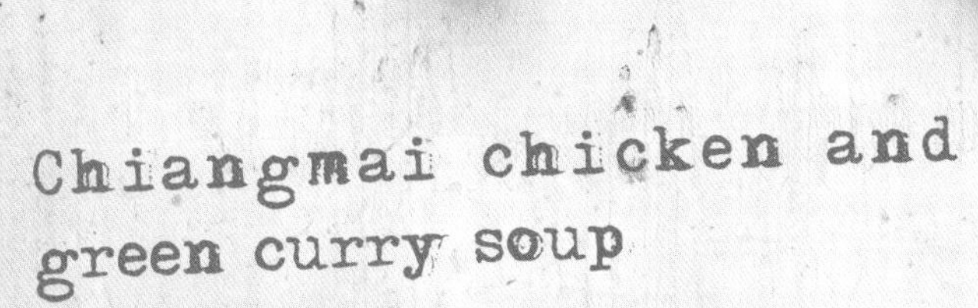

清迈青咖喱鸡肉

原料

泰式青咖喱酱 20 克	日本南瓜 30 克	水 100 毫升
洋葱 20 克	鸡腿肉 2 只	柠檬汁少许
南姜 5 克	鱼露 5 毫升	九层塔少许
香茅 1 根	椰浆 100 克	色拉油适量
笋 30 克	盐少许	
胡萝卜 30 克	玉米淀粉适量	

制作方法

❶ 先将鸡腿去皮去骨，切成长条形，用盐、椰浆、玉米淀粉腌制 10 分钟。将洋葱、香茅、南姜切片，笋、胡萝卜、日本南瓜切块。

❷ 在锅内倒入色拉油炒香洋葱、南姜、香茅，加入胡萝卜、笋、日本南瓜，倒入腌制好的鸡肉煸炒。

❸ 再加入泰式青咖喱酱炒香，加入鱼露、椰浆、水炖 15 分钟，待酱汁收浓后挤入柠檬汁。

❹ 装盘时放上九层塔装饰即可。

- 泰式青咖喱酱、椰浆在大型商超、电商都可以购买到。
- 笋、胡萝卜、南瓜也可以替换成其他质地较硬的蔬菜（比如彩椒、蘑菇等）。
- 九层塔具有特殊的香味，很有东南亚特色，没有的话可用香菜代替。

原料

鸡腿 300 克	色拉油 20 毫升
京葱 3 根	日本酱油 100 毫升
大蒜 25 克	味淋 100 毫升
生姜 15 克	蜂蜜 120 克
香叶 2 片	清酒 100 毫升
白芝麻 10 克	

辅料

竹签若干根

Chicken teyiyaki and scallion skewers

日式照烧京葱鸡肉串

日式料理中不仅有举世闻名的刺身，还有各式各样的“烤物”，照烧鸡肉（chicken teyiyaki）就是最具代表性的烤物之一。因为照烧鸡肉的腌料里有酱油和蜂蜜，所以比较适合中国人的口味。但与中餐不同的是，这里还加入了清酒和味淋。清酒味道醇香，酒香清新，给这道菜带来了浓浓的日式风味。回想当初在厨房工作的日子，照烧京葱鸡肉串是我最爱的美食之一，常常隔三差五地把它排入我的自助菜单（buffet menu）中。直到现在，每当看到这道菜我都会想起我最初学厨的那段日子，简单，充实。

制作方法

❶ 将鸡腿清洗干净，去骨，肉切成约 2.5 厘米见方的鸡块，鸡骨留置待用。

❷ 将其中的 1 根京葱切段，将大蒜、生姜切片待用。

❸ 在锅中炒香京葱、大蒜、生姜、香叶，加入鸡骨炒成金黄色，再加入日本酱油、味淋、清酒、蜂蜜，用中火煮至浓稠后过滤，制成日式照烧酱。

❹ 在切好的鸡块中加入 35 克日式照烧酱搅拌腌制，将剩下的 2 根京葱洗净，切成长约 3 厘米的京葱段。

❺ 准备一根竹签，先穿上一段京葱，再穿上一块鸡腿肉，以此类推。一串大约穿 3 段京葱 3 块鸡腿肉。

❻ 将穿好的鸡肉串放在垫有锡纸的烤盘上，用刷子刷上一层照烧酱。

❼ 烤箱调成热风烧烤模式，预热到 190℃。将鸡肉串放入烤箱从下往上数第三层，烤 25~30 分钟，最后取出撒上炒熟的白芝麻即可。

Tips

- 照烧汁浓稠的厚度主要来自鸡骨和蜂蜜。注意观察酱汁的形态变化，当沸腾的泡泡逐渐变小且酱汁熬成原有的一半左右时厚度便已足够，只要稍稍冷却就会变得浓稠。
- 味淋是日餐中较为常见的一种调味品，是一种口味偏甜的米酒，在电商可以买到。
- 京葱可以剥去最外面一层较老的皮，增加这道菜的口感。
- 家里的烤箱没有热风烧烤功能的话，可以将烤箱设置成普通烘烤模式，将鸡肉串放在烤箱的最上面一层烧烤。
- 照烧酱颜色较浅，偏咸甜，用量可以根据个人口味调节。

Steamed rice with cured meat in clay pot

粤式腊味煲仔饭

煲仔饭历来都是大家喜爱的粤式美食。传统的制作方法是将它放在火炉上烧制而成，最讲究的就是火候，应大火烧开，中火精煮，虽然美味难挡，但是制作难度较大。偶然的灵光一现，我想到了用烤箱去制作煲仔饭。经过几次尝试改良之后，最后终于做出了媲美传统做法的煲仔饭。腊香四溢的腊肠、腊肉在烤箱中经过高温烘烤，油脂直接渗入米饭中，拌入煲仔饭酱油后，酱香醉人，滋味无穷！最喜欢煲仔饭四周结起的锅巴，干香脆口、色泽金黄。

原料

泰国香米 500 克	广式腊肉 150 克	广东菜心 200 克
清水适量	广式腊肠 150 克	煲仔饭酱油 20~30 克

制作方法

❶ 将泰国香米洗净，加水泡制 12 小时，让香米充分吸收水分。

❷ 将广式腊肠、腊肉切片。

❸ 将泡好的米沥干，倒入耐高温的砂锅或铸铁锅中，加水至没过香米约 0.8 厘米。

❹ 再把切好的广式腊肠、腊肉片平铺在香米上面，盖上锡纸封住容器的四边，盖上盖子。

❺ 烤箱开启 4D 热风模式，预热到 220℃。将煲仔饭放在烤盘上，放入烤箱的第三层（从下往上数），烤 40 分钟即可。

❻ 准备一锅水，加入少许盐和油煮开，放入菜心煮约 10 秒至再次沸腾后捞起。

❼ 最后将菜心放入烤好的煲仔饭中，倒入煲仔饭酱油搅拌均匀即可。

Tips

- 制作煲仔饭需要使用耐高温的砂锅或铸铁锅，烤完取出后应放在烤架或燃气灶上，让其稍微冷却。
- 刚烤完的煲仔饭中心温度很高，掀开锡纸的时候要特别注意蒸汽，以免烫伤。
- 煲仔饭酱油可以在电商购买，也可以用 50 克海鲜酱油加 8 克糖烧化制成。
- 烤箱没有 4D 热风功能的话，只要设置为普通烘烤模式即可。

King crab and capsicum

川味脆椒帝王蟹

相信大家都喜欢川菜，我也不例外。要在短时间内让从南到北、从东到西的中国人接受，并风靡大江南北，也许就只有川菜可以做到。川菜最注重的就是香、辣、麻、重油，口味浓郁，刺激味蕾。这道川味脆椒帝王蟹可以说是完美地诠释了川菜的精髓。帝王蟹的蟹腿肉质饱满，用川菜的烹制方法烹饪简直是绝配。我在烹制过程中选用了新鲜的青花椒，经过高温煸炒之后，散发出来的花椒味更加浓郁。

原料

帝王蟹 1 只	吉士粉 15 克	生姜 5 克	花椒油 5 克
干灯笼椒 100 克	大蒜 10 克	料酒 10 克	椒盐粉少许
新鲜花椒 20 克	小葱 30 克	辣油 5 克	白芝麻 5 克
面粉 50 克	色拉油适量		

制作方法

❶ 将帝王蟹切块，腿部切成约 4 厘米长的长条形。小葱葱白部分切段，大蒜、生姜切片。

❷ 将面粉与吉士粉混合，拍在蟹肉的切口上。在锅内倒入色拉油，待油温升至六成热后倒入蟹肉，炸至金黄色后捞出沥干油。

❸ 在锅内炒香小葱、大蒜片、姜片，加入花椒、干灯笼椒煸香。

❹ 倒入帝王蟹翻炒，淋入料酒、花椒油、辣油，再撒上椒盐粉、白芝麻翻炒均匀即可。

Tips

- 帝王蟹也可以用青蟹、梭子蟹代替。
- 加入干辣椒的时候开中火煸炒，锅温不要太高，高温容易炒焦。
- 如何判断油温：三四成热的低温油油温为 90~120℃，油面泛白泡，无烟，当原料下锅时，原料周围出现少量气泡。五六成热的中温油油温为 150~180℃，油面翻动，青烟微起，原料周围出现大量气泡。七八成热的高温油油温为 200~240℃，油面转平静，青烟直冒。

去过泰国的朋友一定会对芒果糯米饭印象深刻。在当地，芒果糯米饭遍布大街小巷，几乎随处可见。到了泰国，很多人都会买一份，穿梭在曼谷的街头，悠闲自得。很多人回国尝试着自己做芒果糯米饭，但总会感觉少了什么。其实芒果糯米饭的做法很简单，但是选材很重要，泰国的长粒香糯米、椰浆和斑斓叶一样都不能少，而且食材的配比也很关键哦。

Glutinous rice and mango

芒果糯米饭

原料

泰国长粒香糯米 200 克

水适量

椰浆 200 克

糖 60 克

盐 3 克

新鲜芒果适量

斑斓叶适量

淋面椰浆原料

椰浆 200 克

盐 2 克

玉米淀粉 7 克

制作方法

❶ 将泰国香糯米洗净，加水至没过糯米，浸泡 1 个晚上。

❷ 将浸泡好的香糯米沥干水分，用斑斓叶垫底，加入椰浆、糖、盐搅拌均匀，放入蒸箱 100℃蒸 40 分钟。

❸ 将 200 克椰浆、2 克盐、7 克玉米淀粉混合搅拌，在锅中小火加热至浓稠后离火，制成淋面椰浆。

❹ 最后将糯米饭装盘，配上淋面椰浆和新鲜芒果肉即可。

Tips

- 如果买不到斑斓叶，可以加一点斑斓香精。
- 泰国长粒香糯米与普通糯米相比，淀粉含量更高，更香糯。

Guangdong style barbecued pork

港式蜜汁叉烧肉

叉烧肉无疑是很多肉食者的大爱！小时候每当看见港剧里的叉烧饭，就会止不住自己的口水。传统的叉烧肉制作工艺比较复杂，而且需要明火烘烤。这道叉烧肉是我根据自己的经验制作而成的，用最简单的方法做出了最美味的口感。每次我都会一大早去市场采购比较稀少的猪梅肉，然后回来制作。虽然辛苦，但是看见叉烧在烤箱里吱吱冒油，那蜜汁顺着肉汁挂在肉上，心里总会由衷地满足。

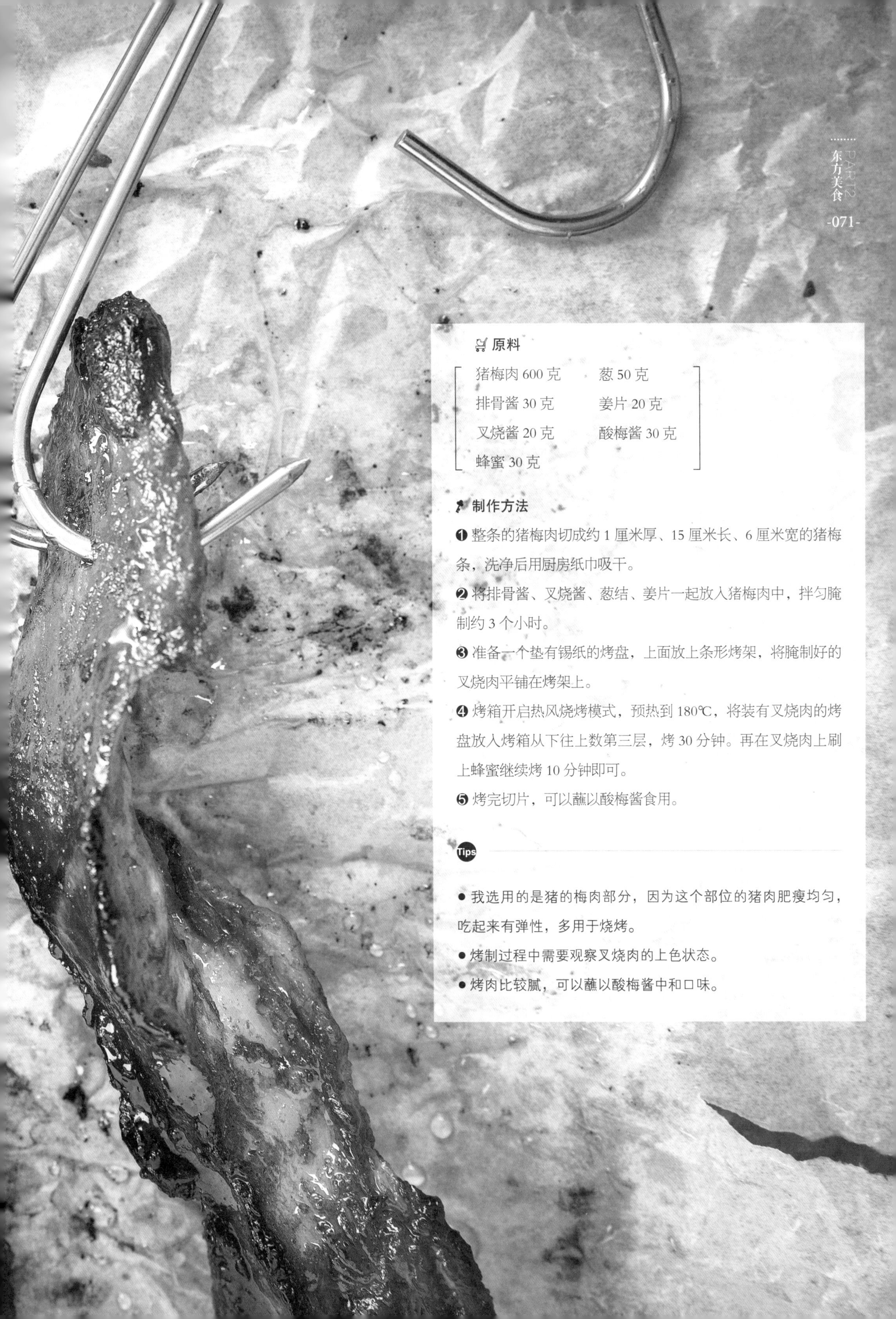

原料

猪梅肉 600 克	葱 50 克
排骨酱 30 克	姜片 20 克
叉烧酱 20 克	酸梅酱 30 克
蜂蜜 30 克	

制作方法

❶ 整条的猪梅肉切成约 1 厘米厚、15 厘米长、6 厘米宽的猪梅条，洗净后用厨房纸巾吸干。

❷ 将排骨酱、叉烧酱、葱结、姜片一起放入猪梅肉中，拌匀腌制约 3 个小时。

❸ 准备一个垫有锡纸的烤盘，上面放上条形烤架，将腌制好的叉烧肉平铺在烤架上。

❹ 烤箱开启热风烧烤模式，预热到 180℃，将装有叉烧肉的烤盘放入烤箱从下往上数第三层，烤 30 分钟。再在叉烧肉上刷上蜂蜜继续烤 10 分钟即可。

❺ 烤完切片，可以蘸以酸梅酱食用。

Tips

- 我选用的是猪的梅肉部分，因为这个部位的猪肉肥瘦均匀，吃起来有弹性，多用于烧烤。
- 烤制过程中需要观察叉烧肉的上色状态。
- 烤肉比较腻，可以蘸以酸梅酱中和口味。

Vietnamese spring rolls
越南春卷

春卷大家再熟悉不过了，我刚听到越南春卷的时候，以为它与中国春卷的不同之处只在于内馅。但是亲眼看到它之后，我心中对春卷的认知简直被完全颠覆了。原来春卷不是只有美味，原来春卷还可以那么美艳。越南春卷的表皮完全是透明的，食者可以清晰地看见里面色彩鲜艳的新鲜蔬菜和鲜美大虾，再蘸以酸甜的泰国甜辣酱，真正的秀色可餐。

原料

越南春卷皮 6 张	猪里脊肉 100 克	大蒜碎 3 克	薄荷叶 12 叶
米粉 300 克	红葱头碎 15 克	小辣椒碎 5 克	九层塔 12 片
虾仁 18 只	香茅碎 5 克	柠檬汁适量	鱼露 20 毫升
生菜叶 6 片	南姜碎 5 克	盐少许	泰国甜辣酱 1 碟

辅料

温水 1 盆
柠檬片 2 片

制作方法

❶ 用刀将虾仁顺虾线切开，放入柠檬盐水（在清水中加入盐和柠檬汁，起到入味和去腥的效果）中煮熟。

❷ 将生菜洗净，切成长条状。

❸ 锅中加入适量水，烧开，放入米粉烫熟取出。

❹ 将猪里脊肉切成小丁，另起一锅，将红葱头碎、香茅碎、南姜碎、大蒜碎、小辣椒碎炒香后加入猪肉炒香，用鱼露和柠檬汁调味。

❺ 将越南春卷皮（米纸）放入热水中烫一下，捞起沥干水分。

❻ 准备一盆温水，放入 2 片柠檬片，将越南春卷皮完全浸泡在水中，泡软后捞起平铺在盘子上。

❼ 最后依次卷入米粉、生菜、薄荷叶、九层塔、猪里脊肉，在卷最后一层之前摆上 2~3 只虾仁，一个春卷就卷好了。用同样的方法制作剩余的春卷就可以了。

❽ 食用时配上泰国甜辣酱即可。

- 越南春卷皮在温水中泡软即可，泡制的时间不宜过长。
- 卷好的春卷需要盖上保鲜膜，防止水分流失。

这是一道极具江南特色的美食。我这里用了很有特色的花雕酒酿汁来蒸鱼，花雕酒香四溢，可以去腥增香；酱油酱香浓郁；用酒酿汁代替糖，其独有的清甜、醇香可以与花雕、酱油完美地融合在一起；最后配上鸡油 90℃蒸制，简直完美。一般蒸鱼的最佳温度是 90℃。我这里用的是可以调节温度的电蒸汽炉，如果用锅蒸的话，温度会达到 100℃以上，会损坏鱼肉细腻鲜嫩的口感。

Steamed arne fermented glutinous rice

酒酿蒸虎头鱼

原料

虎头鱼 4 条	花雕酒 100 毫升
葱、姜适量	海鲜酱油 150 毫升
鸡油 5 克	酒酿汁 80 毫升

制作方法

❶ 将虎头鱼洗净，用厨房纸巾吸干。姜切成片，葱打成结。

❷ 将花雕酒、海鲜酱油、酒酿汁混合搅拌均匀，制成花雕酒酿汁。

❸ 将虎头鱼放在蒸盘中，淋上花雕酒酿汁，放上葱结、姜片、鸡油，放入电蒸汽炉 90℃蒸 8 分钟。

❹ 蒸好后挑去葱、姜，可放上酒酿米和葱丝装饰。

- 酱汁可以提前多调制一些，放冰箱可以存放 2 周。
- 蒸制的时间是根据食材的大小来设定的，一般一条 700 克左右的鱼需要 90℃蒸 12 分钟。这里用的是电蒸汽炉，可以调时间，如果用普通锅具蒸制的话需要缩短 2~3 分钟（因为不能调节蒸汽的温度）。
- 花雕酒酿汁不光可以用来蒸鱼，还可以用来蒸蟹、虾，都很美味。

酸汤可以说是川菜的精髓。酸汤的酸是用天然发酵出来的酸菜加工熬制出来的，再搭配椒香四溢的藤椒，川味十足。炎炎夏日，没什么胃口，煮上一大锅酸汤，放上新鲜的藤椒（花椒），淋上热油，用油的高温把花椒里的香麻味给瞬间激发出来，再配一碗米饭，简直酣畅淋漓，滋味十足。

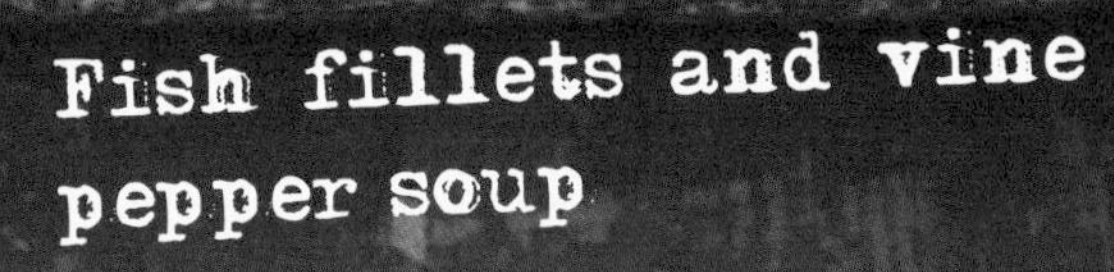

酸汤藤椒鱼柳

原料

龙利鱼 500 克	莴笋 2 根
新鲜藤椒 30 克	美人椒 200 克
花雕酒 3 克	酸辣鲜露 10 克 +25 克
色拉油 70 毫升	浓缩鸡汁 10 毫升
山芋结 6 盒	清水 500 毫升
金针菇 250 克	玉米淀粉 10 克

制作方法

❶ 先把龙利鱼切片，用厨房纸巾吸干。加入 10 克酸辣鲜露、花雕酒腌制 10 分钟后拌入玉米淀粉，淋上一点色拉油。

❷ 再把莴笋切丝，山芋结与金针菇过水，垫在盘子的底部。把腌好的鱼片平铺在蔬菜上面。

❸ 另起一锅，加入 25 克酸辣鲜露、浓缩鸡汁、清水，煮开后倒入装鱼片的盘子中，放入电蒸汽炉 90℃蒸 12 分钟左右。

❹ 蒸完取出，在鱼片上撒上新鲜藤椒和切成小圈的美人椒。另起一锅，加入色拉油烧至八成热后淋在鱼片上。

- 龙利鱼可以用其他肉质饱满、鱼刺较少的鱼代替。
- 可以根据自己的口味去调节酸辣鲜露的比例。
- 这里用的是电蒸汽炉，可以调时间，如果用普通锅具蒸制的话需要缩短 2~3 分钟（因为不能调节蒸汽的温度）。

每次去泰国餐厅用餐，除了必点的冬阴功、三味大虾外，都会再来一条青柠檬蒸鱼。我和大多数喜欢泰国菜的朋友一样，都喜欢泰国菜那种酸、辣、甜的味道。与中餐的酸辣不同的是，泰餐会用到大量的柠檬、香茅、辣椒、香料，有一种天然的果香和香茅融合而成的独特的浓郁味道，很容易打开你的胃口。

Steamed mandarin fish and lime

青柠蒸鳜鱼

原料

鳜鱼 2 条
青柠檬 1 个
柠檬汁 120 毫升
鱼露 80 克
白砂糖 10 克
朝天红辣椒 6 个
大蒜 5 个
香菜 20 克
香茅 2 根

制作方法

❶ 将鳜鱼洗净，在鱼的背上划一刀以便入味，用厨房纸吸干，平铺在盘子中间待用。

❷ 将朝天红辣椒、大蒜、香菜全部切成小碎末。

❸ 再将柠檬汁、鱼露、白砂糖全部与第 2 步的碎末混合在一起制成蒸鱼柠檬汁，泡制 10 分钟，将食材的味道完全融入蒸鱼柠檬汁中。

❹ 将香茅切断，放在鳜鱼上，淋上大部分蒸鱼柠檬汁，放入蒸汽炉 90℃蒸制 12 分钟。

❺ 最后取出，淋上剩下的蒸鱼柠檬汁，用青柠檬片装饰即可。

● 鳜鱼可以用鲈鱼或者其他肉质比较鲜嫩的鱼代替。

● 蒸制的时间是根据食材的大小来设定的，一般一条 700 克左右的鱼需要 90℃蒸 12 分钟。

● 这里用的是电蒸汽炉，可以调时间，如果用普通锅具蒸制的话需要缩短 2~3 分钟（因为不能调节蒸汽的温度）。

“生蚝”又称为“牡蛎”，锌含量十分丰富，肉质鲜美，做法也十分繁多，最常见的做法有配酱汁生吃、加辅料烤等。也可以取出蚝肉与其他食材一起炒制，如闽南的名菜“蚵仔煎”等。这里我将由瑶柱、虾米制成的XO酱淋在生蚝上面，再用烤箱的热风烧烤模式表面双重加温，在短时间内封住生蚝内的汁水，同时将XO酱的香味渗入生蚝内，出来的成品鲜嫩多汁，滋味鲜香。

XO sauce grilled oysters

XO酱烤生蚝

原料

生蚝 5 只	温水 100 毫升
XO 酱 20 克	1/4 只柠檬的汁
小葱 20 克	清水 500 毫升
生姜 10 克	

制作方法

❶ 在清水里加入柠檬汁制成柠檬水。

❷ 将生蚝用蚝刀撬开，用柠檬水清洗，将杂物与细沙清洗干净。

❸ 将小葱、生姜与温水混合，泡制成葱姜水。

❹ 在生蚝的表面挤上少许葱姜水，将 XO 酱放在生蚝的表面（XO 酱做法参见第 16 页 XO 酱相关内容）。

❺ 烤箱开启热风烧烤模式，预热到 190℃，将生蚝放入烤箱从下往上数第二层，烤 4~5 分钟即可。

Tips

● 挑选生蚝时须挑选壳色黑白分明，去壳之后的肉完整丰满、边缘乌黑，肉质带有光泽、有弹性的生蚝。如果生蚝韧带处泛黄或者发白，则不新鲜，尽量不要使用。

● 给新鲜生蚝去壳有一定的技术难度，可以在采购的时候让商家帮忙打开。

● 生蚝属于高蛋白食品，不宜隔夜食用。

● 家里的烤箱没有热风烧烤模式的话，可以开启普通烘烤模式，将生蚝放在烤箱的中上层烤制。

作为一名学西餐出身的厨师，我到现在还对这个领域有着热情和向往，因为西餐包罗万象，菜品繁多。只要你能细细品味，西餐可以让你从美食中看到世界，感受到不同文化、不同理念的冲击。比如本篇中，从法式奶油蜗牛汤你可以体会到法国人对食材的挑剔、对制作工艺的讲究，从看似普通的德国咸猪肘你可以感受到德国人的直接、大气、严谨，从墨西哥牛肉卷你可以发觉当地人对美食的匠心和热情。小小的美食，包罗万象，只要你静下心来用心体会，就会发现美食可以带你去一个更大更惊喜的世界。

PART3

西式美食

Western Cuisine

低温三文鱼 Roasted salmon

这道低温三文鱼是一道比较容易的分子料理。分子料理的原理就是观察、认识烹调过程中食物与温度升降、烹调时间的关系，再加入不同物质，令食物产生各种物理、化学变化，在充分掌握之后再加以解构、重组及运用，做出颠覆传统厨艺的食物。

这道低温三文鱼就运用了分子料理原理对食物的温度、时间进行了巧妙的掌控，利用低温使三文鱼缓慢成熟，最大限度地保留了它的水分，保证了细腻的口感，从而烹出了全新的味觉体验。

原料

三文鱼柳 200 克　白葡萄酒 3 毫升　豆苗 100 克　海盐少许
白胡椒 2 克　刁草 1 根　黄油 20 克

淡奶油白酒刁草汁原料

无盐黄油 30 克　刁草 1 根　白葡萄酒 20 克　海盐少许
洋葱碎 20 克　淡奶油 100 克　法国芥末 5 克

制作方法

A. 制作低温三文鱼

❶ 在三文鱼的表面均匀地撒上一点海盐，再加上白胡椒、白葡萄酒、刁草，大约腌制 10 分钟。

❷ 将腌制好的三文鱼包上保鲜膜，再用锡纸包裹起来待用。

❸ 烤箱开启慢慢烹饪模式，预热到 80℃，将三文鱼锡纸包放入烤箱的第三层（从下往上数），低温烹饪 30~40 分钟。

❹ 取出三文鱼，打开锡纸包，去掉保鲜膜，在煎锅内用高温将三文鱼的四面煎上色。

❺ 将豆苗在沸水中煮约 3 秒钟后捞起，准备一个锅融化黄油，炒香豆苗后加海盐即可。

B. 制作淡奶油白酒刁草汁

❶ 在锅中融化黄油，炒香洋葱后加入刁草、白葡萄酒收汁。

❷ 再加入淡奶油、法国芥末及少许海盐调味。

❸ 最后过滤，配在三文鱼边上即可。

Tips

- 煎三文鱼的时候温度要高，将四面快速煎成脆壳即可。
- 最好使用新鲜刁草，也可以用干刁草碎代替。
- 法国芥末又称黄芥，可以当做佐料加入菜中，最常用来配热狗、烤肠。

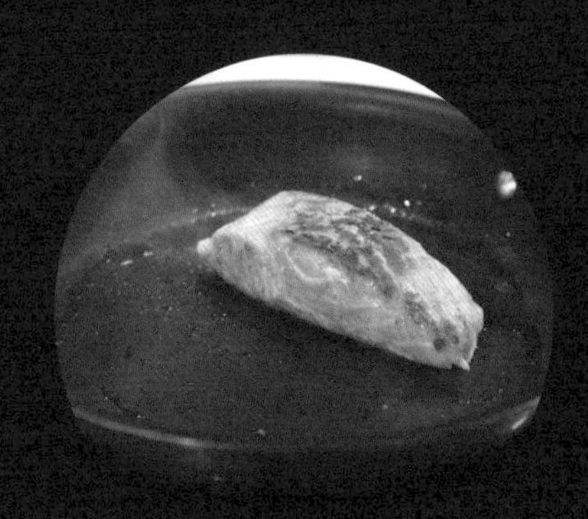

沙拉（salad）是西餐的代表菜肴之一，也是西方家庭餐桌上必不可少的美食。沙拉制作方便，营养丰富，除了凯撒沙拉、尼高斯沙拉等一些传统沙拉有特定的配料、制作方法之外，其他的沙拉都可以根据个人的喜好进行搭配。一般沙拉都以生菜为基础，加上肉类、海鲜、水果、鸡蛋、芝士等食材，再配以各式酱汁进行调味。如果你没有太多的烹饪时间，或者喜欢清新少油的食物，那沙拉绝对是你的不二选择。

坚果火鸡沙拉 Chicken and vegetable salad with walnut

原料

鸡胸1块　　混合生菜（红叶生菜、罗马生菜、细叶生菜）适量
红椒粉10克　　芝士块、核桃、盐、黑胡椒粉、橄榄油适量

油醋汁原料

洋葱末20克　　橄榄油60毫升
意大利黑醋100毫升　　混合香料5克

制作方法

A. 先来制作鸡胸

❶ 先将鸡胸用盐、黑胡椒粉、红椒粉腌制后淋上少许橄榄油。

❷ 将鸡胸两面煎上色后放入烤箱。将烤箱调成3D热风模式，200℃烤15分钟。

B. 再来制作油醋汁

❶ 在锅内加入少许橄榄油，炒香洋葱末，加入意大利黑醋、混合香料，小火煮2分钟后倒入剩下的橄榄油，小火熬10分钟左右即可。

❷ 装盘时将鸡胸切片，与芝士、核桃一起放在混合沙拉上面，淋上油醋汁即可。

- 混合生菜可以在超市或电商采购。
- 鸡胸脂肪含量低，蛋白质含量高，口感偏干，适合喜欢轻脂食物的人士。
- 芝士种类比较多，我这里用的是菲达芝士（feda cheese）。
- 混合香料（mixed herbs）一般可以在进口食品店或者电商买到，里面有罗勒、马祖林、阿里根奴等。

Half-cooked tuna
and vegetable salad

半熟金枪鱼沙拉

说到金枪鱼，大多数人会想到日本料理 sashimi，配上芥末、酱油去食用。西方人则喜爱将金枪鱼制作成全熟的。因为熟的金枪鱼肉质比较干燥，所以一般都会加上沙拉酱、洋葱、柠檬汁等调味，再配上面包做成三明治或者配上煮土豆、沙拉食用。

这道半熟金枪鱼沙拉很巧妙地将上述两种口味融合在了一起，灵感来自于一般传统扒房的菜单里都会有的嫩煎半熟金枪鱼。新鲜金枪鱼用法国芥末、黑胡椒和海盐腌制后裹上芝麻，高温速煎，表面焦酥，内部依然生嫩，加上酱汁、牛油果等各种口味的食材，让你能够感受到两种不同料理方式碰撞产生的美妙滋味。

沙拉原料

金枪鱼 1 块　　牛油果 1 个　　鸡蛋 1 个

混合生菜、坚果、海盐、法国芥末、白葡萄酒、橄榄油、黑芝麻、柠檬汁适量

酸奶柠檬汁原料

原味沙拉酱 100 克

原味酸奶 60 克

柠檬汁 20 克

制作方法

A. 提前准备沙拉原料

❶ 将混合生菜在微冰的清水中浸泡 30 分钟后甩干，去除水分（生菜用微冰的水浸泡可以使其更加爽脆）。

❷ 烧开一小锅水，水沸起后放入鸡蛋，中火煮 7 分钟后用冷水冲凉，去壳对半切开，再对半切成鸡蛋角。

❸ 牛油果去皮、去芯，再切成片或丁，可以加点柠檬汁拌匀，防止氧化。

B. 制作半熟金枪鱼

❶ 金枪鱼切成截面约 3 厘米见方的长条，用海盐、柠檬汁腌制 5 分钟后均匀地抹上法国芥末，再粘上黑芝麻。

❷ 在平底不粘锅中加入橄榄油烧热，放入金枪鱼，开中火将 4 个面平均煎制约 10 秒，自然冷却。

❸ 用锯齿刀或者较薄的西餐刀将冷却好的金枪鱼切片。

C. 最后拌成沙拉

❶ 将鸡蛋、牛油果切角放在混合生菜的上面，再加上金枪鱼片及坚果。

❷ 将沙拉酱、酸奶、柠檬汁混合搅拌制作成沙拉酱汁淋在沙拉上。

- 切鸡蛋时比较容易切碎，可以用鸡蛋分割器。
- 刚煎好的金枪鱼比较难切，可以等其完全凉透后用锯齿刀或较薄的西餐刀切制。
- 金枪鱼与原味沙拉酱都可以在超市和电商购买，金枪鱼一般是冰冻的，有条件的话建议使用冰鲜的蓝鳍金枪鱼。

Bacon and beef fillet rolls

培根牛菲力卷

牛排（steak）在中国几乎可以作为西餐的代名词。牛排的做法和品种繁多，像西冷、肉眼、T骨、菲力都是非常适合制作牛排的牛肉品种。不同品种的牛肉制作出来的牛排口感也截然不同。西冷牛排取自牛外脊，总体口感韧度强，切肉时连筋带肉一起切，不能煎得过熟，适合年轻人。肉眼牛排均匀地布满雪花纹脂肪，口感比较鲜嫩。牛菲力是牛身上最嫩的部位，但是脂肪含量少，如果烹饪不当，很容易导致口感偏干。

因为培根油特别香，所以在制作西式料理时经常会用它去烹饪食物。这里也用了本身含有油脂的培根，完美地解决了牛菲力口感易干的问题。用培根包裹牛菲力，在烤制牛肉的同时将培根里的油脂慢慢渗入牛菲力，使其保留原本鲜嫩的口感，不会显得很干。

原料

红葡萄酒 15 毫升	百里香碎 5 克
培根 10 片	牛菲力 1 条（约 20 厘米）
黑胡椒碎 5 克	海盐、橄榄油、黑椒汁少许

制作方法

❶ 将整条牛菲力用厨房纸吸干血水，加入海盐、黑胡椒碎、百里香碎腌制 20 分钟，然后抹上橄榄油（西餐的腌制时间无需太长，否则肉会出血水）。

❷ 准备一个煎锅，将锅烧热后放入腌制好的牛菲力（无需加油，也可加入整根新鲜百里香、蒜片一起煎）。开大火高温将牛菲力的四个面煎上色，放在一边待用。

❸ 将培根平铺在案板上，一片叠着一片，长度长于牛菲力。再将封煎好的牛菲力放在培根中间，用培根将牛菲力包裹起来，封口处戳入牙签固定。

❹ 烤箱调成 4D 热风模式，温度预热到 190℃。将牛菲力放入烤箱从下往上数第二层，烤 25~30 分钟即可。

❺ 食用时可搭配黑椒汁。

- 牛菲力可以选用优质的进口牛肉，在口感和肉质上都会更好一点。
- 没有新鲜百里香的话，可用干的百里香料，各大超市、电商有售。
- 封煎牛排的时候温度要高，应在最短的时间内将牛肉表面煎上色，这样可以将汁水完全封在牛肉里面。
- 最好选用肥瘦均匀的培根包裹住牛菲力，这样烤出来的培根油比较均匀，可以使牛菲力不那么干。
- 如果你家用的是有探针的烤箱，可以把探针插入牛菲力，将中心温度设置成你所需要的成熟度即可。
- 可以买成品的黑椒汁，用来配培根牛肉卷。

墨西哥不但有阳光、仙人掌、热情的人民，而且还是一个有着诸多美食的国度，牛油果、玉米还有玉米薄饼卷（taco）、法吉特（fajita）都来自这个国家。墨西哥牛肉卷（beef fajita）是当地人最喜爱的食物，用酸辣嫩香的牛肉馅料搭配味道独特的法吉特墨西哥香料，包上墨西哥传统麦皮，现做现吃，选料新鲜，口味层次分明，别有一番风味。

Mexico beef rolls

墨西哥牛肉卷

原料

牛菲力 200 克	黄甜椒 30 克	牛油果 30 克	美国辣椒仔 10 毫升
洋葱 30 克	香菜 20 克	法吉特墨西哥香料 10 克	橄榄油适量
番茄 30 克	生菜 2 张	盐 3 克	墨西哥麦皮若干片
红甜椒 30 克	车达芝士 15 克	黑胡椒粉 5 克	

制作方法

❶ 将牛菲力切丝，用法吉特墨西哥香料、盐、黑胡椒粉腌制 10 分钟。将红甜椒、黄甜椒切丝。洋葱一部分切丝，一部分切丁。番茄切丁待用。

❷ 将锅烧热，倒入橄榄油炒香洋葱丝，加入红、黄甜椒丝与腌制好的牛肉丝一起炒熟，加入香菜，最后加入美国辣椒仔制成馅料。

❸ 牛油果去皮、去芯后搅成果泥，加点洋葱丁、番茄丁与盐、黑胡椒碎调味制成牛油果酱。

❹ 在墨西哥麦皮中依次加入芝士、生菜、牛肉馅后卷紧。

❺ 准备一只不粘锅，开中火，将包好的墨西哥卷煎上色（无需放油，煎的时候先煎封口处，这样不易散掉）。上菜时可以配上牛油果酱一起食用。

Tips

- 牛菲力肉就是牛的外脊，肉质比较嫩，脂肪含量低，比较适合用来做这道菜。
- 墨西哥麦皮和法吉特墨西哥香料在各大超市和电商都可以买到。
- 注意包的时候要包紧，封口朝下放，这样不易散开。
- 切开的时候最好用锯齿刀或者锋利的小刀，这样不容易切碎。

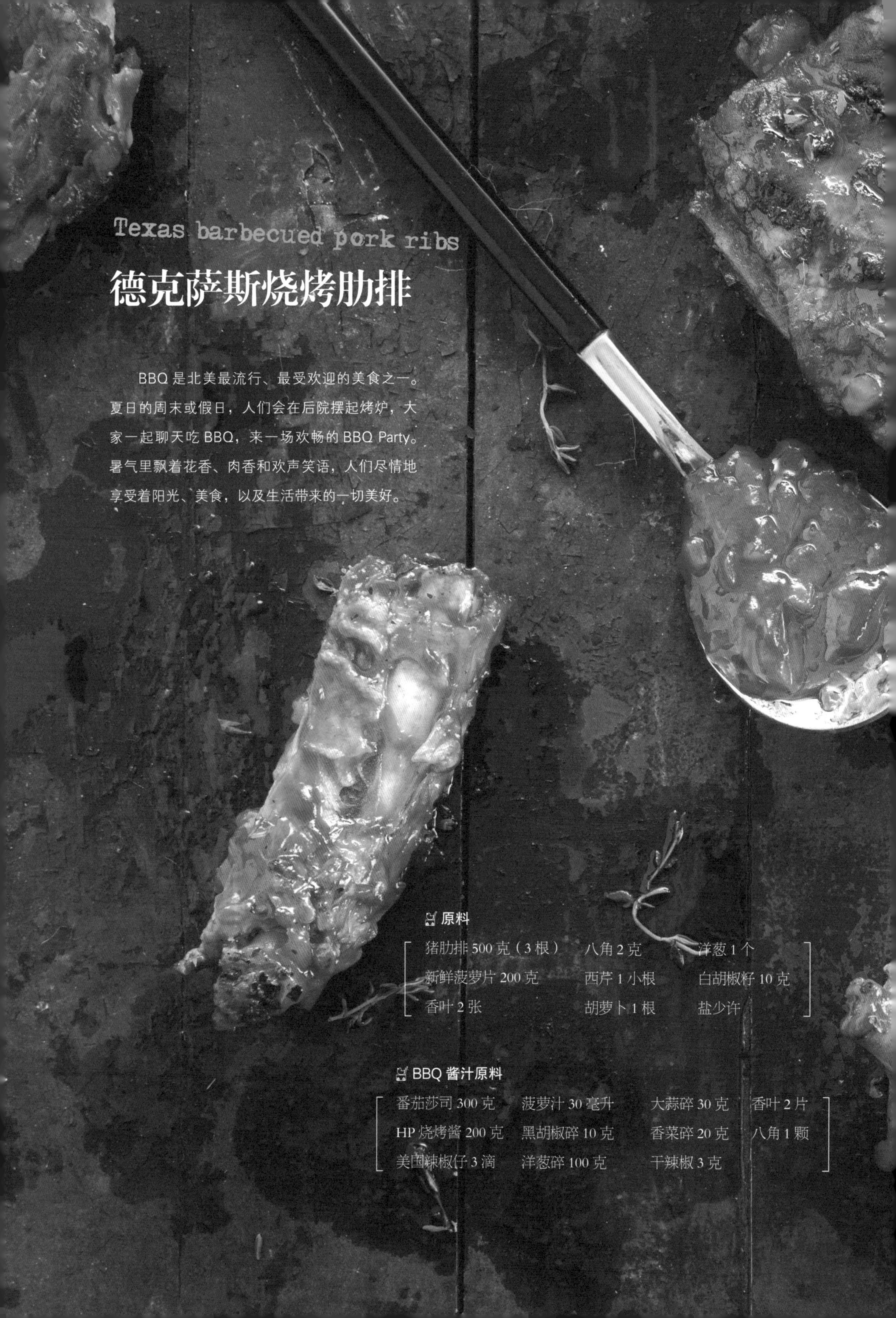

Texas barbecued pork ribs

德克萨斯烧烤肋排

BBQ 是北美最流行、最受欢迎的美食之一。夏日的周末或假日，人们会在后院摆起烤炉，大家一起聊天吃 BBQ，来一场欢畅的 BBQ Party。暑气里飘着花香、肉香和欢声笑语，人们尽情地享受着阳光、美食，以及生活带来的一切美好。

原料

猪肋排 500 克（3 根）　八角 2 克　洋葱 1 个
新鲜菠萝片 200 克　西芹 1 小根　白胡椒籽 10 克
香叶 2 张　胡萝卜 1 根　盐少许

BBQ 酱汁原料

番茄莎司 300 克　菠萝汁 30 毫升　大蒜碎 30 克　香叶 2 片
HP 烧烤酱 200 克　黑胡椒碎 10 克　香菜碎 20 克　八角 1 颗
美国辣椒仔 3 滴　洋葱碎 100 克　干辣椒 3 克

制作方法

❶ 猪肋排 3 根，一起切成长约 6 厘米的肋排扇。洋葱、西芹、胡萝卜洗净，切大块与肋排、香叶、白胡椒籽、八角和少许盐加水至没过排骨，中火煮 40 分钟后捞出。

❷ 再制作酱汁：在锅内炒香洋葱、大蒜、香菜、黑胡椒碎，加入番茄沙司、烧烤酱、菠萝汁、八角、香叶后，将煮好的猪肋排放入酱汁中。小火煮至收浓酱汁，加入美国辣椒仔拌匀。

❸ 最后放入烤箱，调至热风烧烤模式，放在烤箱从下往上数第三层，200℃烤 15~20 分钟，烤至表面上色即可。

Tips

- 煮肋排时会有大量的浮沫产生，可以边煮边撇去浮沫。可以根据个人喜好增加或缩短煮制的时间来调节猪肋排的软硬度。
- HP 烧烤酱可以在进口超市和电商购买。
- 家里的烤箱没有热风烧烤程序的话，可以打开上下火烘烤模式，将肋排放在烤箱的中上层烤至上色即可。

German roasted pork knuckle

德芥蜜汁烤猪肘

日耳曼民族、工业强国、啤酒、肉肠、猪肘，这些都是我对德国的最初印象。这道德芥蜜汁烤猪肘可谓是当地美食的代表。传统的德国烤猪肘在上菜时大多会插上一把木柄西餐刀，那豪爽扎实的感觉和吃法有着跟精致讲究的法餐截然不同的酣畅感。硕大的猪肘用蔬菜、香料、黑啤煮透后，抹上德国芥末、蜂蜜，烤至外脆里嫩，酥香美味。约上三五好友看着足球，喝着德国黑啤，吃着亲手烤出来的猪肘，配上酸爽的酸椰菜，真是美哉美哉。

原料

德国咸猪肘 1 只
德国芥末 20 克
蜂蜜 20 克
洋葱 100 克
西芹 100 克
胡萝卜 100 克
香叶 2 片
茴香籽 5 克
白胡椒粒 10 克
德国黑啤 1 罐（350~400 毫升）
清水适量

酸椰菜原料

椰菜（卷心菜约 600 克）1 棵
培根 200 克
洋葱 30 克
青苹果 1 只
白葡萄酒 30 毫升
白醋 150 毫升
香叶 2 片
水 150 毫升
糖 10 克
盐 4 克

制作方法

A. 制作烤猪肘

❶ 在汤锅内放入德国咸猪肘、洋葱、西芹、胡萝卜、香叶、白胡椒粒、茴香籽、黑啤，加水至没过食材，小火煮 60 分钟。

❷ 在德国芥末中加入蜂蜜，搅拌调成蜂蜜德芥酱。

❸ 将煮好的猪肘自然冷却，再均匀地刷上蜂蜜德芥酱。

❹ 烤箱调成 4D 热风模式，220℃烤 35~45 分钟，烤至猪肘表面上色即可（普通烤箱需要烤 50 分钟）。

B. 制作酸椰菜

❶ 椰菜、青苹果切丝，洋葱、培根切末。

❷ 锅内先炒香培根，加入洋葱、椰菜炒透，加入白葡萄酒增香。

❸ 加入白醋、水、香叶、苹果丝之后开小火慢炖至收干汁水，最后加入盐、糖调味即可。

- 猪肘的软硬程度可以通过调节煮制时间来调整，煮猪肘的时候水一定要没过食材。蔬菜、白胡椒可以去除猪肘内的骚味。
- 咸猪肘可以在进口食品超市和电商购买，如果你的烤箱没有 4D 热风模式，可以用上下火烘烤模式 230℃烤上色。
- 制作酸椰菜炒培根时可以根据培根的肥瘦稍微放一点油或不放油，利用培根本身的油去炒制洋葱，等洋葱炒至透明后加入椰菜。
- 吃猪肘的同时可以配上酸椰菜一起吃，可以中和前者的油腻。

匈牙利牛肉汤与罗宋汤齐名，是典型的西式红汤，最适合与硬面包搭配。寒冷的冬天，端上一碗暖暖的匈牙利牛肉汤，先喝一口鲜香的汤，吃一块炖煮软烂的牛肉，然后把硬面包掰成小块泡入汤中，待面包充分吸收了汤汁之后大口吃下，体内寒气消散，身体也变得温暖舒服起来，真是美妙至极的享受！

Hungarian goulash soup
匈牙利牛肉汤

原料

牛肉 200 克	红葡萄酒 100 毫升
洋葱 150 克	红甜椒粉（paprika）30 克 +10 克
红甜椒 150 克	番茄膏（tomato paste）30 克
黄甜椒 150 克	百里香 5 克
番茄丁 200 克	香叶 2 张
土豆 150 克	盐、橄榄油适量

制作方法

❶ 先将牛肉切丁，用盐、10 克红甜椒粉腌制后加入少许橄榄油拌匀。

❷ 将洋葱、红甜椒、黄甜椒、土豆切丁。

❸ 在汤锅中炒香洋葱，再加入牛肉丁炒熟。

❹ 倒入红甜椒丁、黄甜椒丁、30 克红甜椒粉、番茄丁、番茄膏，小火炒 3 分钟左右（以去除番茄膏的酸涩味），再淋入红葡萄酒，加水、百里香、香叶小火慢炖 30 分钟。

❺ 加入土豆丁煮 15 分钟，最后用盐调味即可。

- 番茄膏由新鲜番茄浓缩而成，不是平常我们用的番茄沙司，也不像番茄沙司那样酸甜味十足。一般我们常见的罗宋汤和西式红烩牛肉里都会用到番茄膏。
- 炒番茄膏的时候需要不停地搅拌翻炒，以防止粘锅。
- 红甜椒粉是从红色甜圆椒中提取出来的，是匈牙利牛肉汤中必不可少的调味品，其颜色鲜红，带有浓郁的甜椒味。
- 土豆熟得比较快，加入后炖煮时间不易过长。事先切好的土豆可以泡在水中，防止氧化。
- 应选脂肪含量少的牛肉烹制，可以选牛柳或牛霖肉。

French cream and snail soup

法式淡奶油蜗牛汤

大多数亚洲人无法想象把蜗牛当做一种食物，就像欧洲人不敢想象我们把鸽子当做美食一样。在法国，蜗牛可是一种高端的食材，它肉质肥嫩、营养丰富，含有20种氨基酸，脂肪含量低，胆固醇含量趋向于零。对于蜗牛，一般大家比较熟悉的做法是法式焗蜗牛，这里我把蜗牛融入了西式浓汤之中。西式的汤分为红汤、浓汤、冷汤三种，我们之前介绍的匈牙利牛肉汤就是典型的西式红汤。与中式浓汤不同，制作西式浓汤时要把汤中的食材完全打碎，将食材与汤汁完全融合在一起，再加入细滑的淡奶油。做出来的汤口感如丝般细滑，又带有香醇的奶油香。

西式浓汤的制作方法大致类似，学会做这道浓汤之后你也可以尝试着做其他种类的浓汤，可以将蜗牛换成白蘑菇、胡萝卜、芦笋、南瓜等蔬菜做成蔬菜浓汤。需注意的是，食材的淀粉含量不一样，打碎的厚度也会不一样，在加黄油面的时候可根据自己喜好慢慢调节。

原料

蜗牛肉 200 克	水 800 毫升
洋葱 30 克	淡奶油 20 克
大蒜 10 克	海盐适量
白葡萄酒 15 毫升	

黄油面原料

黄油 30 克
面粉 40 克

制作方法

A. 先炒黄油面

❶ 在锅中化开黄油（黄油的熔点很低，化黄油的温度不宜过高）。

❷ 慢慢加入面粉，开小火不停翻炒大约 2 分钟至炒成面酪、炒去面生味、炒出香味即可。

B. 再来制作蜗牛

❶ 将蜗牛肉切片，洋葱、大蒜切碎待用。

❷ 在汤锅中炒香洋葱、大蒜，倒入蜗牛炒香，加入白葡萄酒炒香后加入水，开中火炖 30 分钟。

❸ 准备一个搅拌机，将汤倒入搅拌杯，加入炒好的黄油面，盖上盖子打碎（也可以用搅拌棒直接在锅内搅打）。

❹ 将搅打均匀的汤倒回锅中，用海盐调味后烧开关火，倒入淡奶油搅拌均匀。装盘淋上淡奶油装饰，可以配上法包片一起食用。

Tips

- 我在这里使用的是罐头蜗牛，如果使用活的食用蜗牛，需要先将蜗牛洗净，在锅中加水、柠檬汁、白葡萄酒，中火煮 10 分钟左右后挖出蜗牛肉，去除杂质洗净。
- 加黄油面的作用就像是中餐的勾芡，加得越多做出来的汤越厚。可以先加一半，打碎后根据自己喜好逐步增加。
- 淡奶油应最后加入并搅拌均匀，加入后无须再煮沸，否则容易使奶油与汤脱离。

Fettuccine with
seafood and pesto

海鲜松子酱意面

国人对面条有种与生俱来的热爱，意大利面（pasta）也许是我们最喜欢的西式美食之一。关于意大利面的起源，有人说是源自古罗马，也有人说是由马可·波罗从中国经西西里岛传至整个欧洲的。作为意大利面的常用原料，杜兰小麦是最硬质的小麦品种，具有高密度、高蛋白质、高筋度等特点。用杜兰小麦制成的意大利面通体呈黄色，耐煮、口感好。意大利面的形状也各不相同，除了普通的直身粉外还有螺丝形粉、弯管形粉、蝴蝶形粉、空心粉、贝壳形粉，林林总总不下百种。

原料

意大利宽面 150 克	虾仁 20 克	白葡萄酒少许
洋葱碎 20 克	鱿鱼 20 克	盐小半勺
大蒜末 10 克	青口 20 克	橄榄油 10 毫升（另备少许用于炒制）
干辣椒末 2 克	鱼柳 20 克	帕马森芝士粉（Parmesan cheese）少许
松子酱 30 克		

制作方法

❶ 煮一锅水，加入约 10 毫升橄榄油与少许盐，煮开后放入意大利宽面，煮至八分熟后捞起，不要过冷水，拌入橄榄油待用。（八分熟的面切开后截面中心有一个白点。）

❷ 锅内倒入橄榄油，将洋葱碎、大蒜末、干辣椒末炒香，加入海鲜炒熟后淋入白葡萄酒、松子酱，加少许水稀释。

❸ 放入煮好的意大利宽面收汁，将酱汁包裹在面上，最后用盐调味，撒上帕马森芝士粉即可。

Tips

- 煮面的时候淋入橄榄油，可以使面条不易粘连。加盐可以让面条入一些基本味。
- 一般在意大利面的包装袋上都会有煮制的方法，按照指示中火慢煮即可。煮完的面条捞出后拌入橄榄油自然冷却，口感最佳。
- 意大利人做意大利面时喜欢配上很多帕马森芝士粉，吃起来非常美味。

Penne with smoked salmon and pale cream

忌廉熏三文鱼焗通心粉

原料

笔尖面 150 克	白葡萄酒 12 毫升
烟熏三文鱼 30 克	鸡蛋黄 1 个
洋葱 10 克	盐、橄榄油适量
白汁 60 克	帕马森芝士粉 10 克
牛奶 20 毫升	马苏里拉芝士丝 40 克

笔尖面（penne）是通心粉的一种，两头似笔尖，中间空心，可以包裹住浓郁的奶油汁，配上烟熏三文鱼食用最适合。烟熏三文鱼由新鲜的三文鱼用盐、柠檬汁、香料等食材腌制之后再用果木熏制而成。白汁是意大利四大酱汁之一，奶香浓郁。意大利经典美食白汁意粉（carbonara）就是用白汁作为主要酱汁制作的。

制作方法

❶ 煮一锅水，加少许盐煮开后放入笔尖面煮熟，待其自然冷却后加入橄榄油。

❷ 将烟熏三文鱼切丝，洋葱切碎待用。

❸ 锅内倒入橄榄油，炒香洋葱碎，加入烟熏三文鱼丝，淋上白葡萄酒，加入白汁（可用淡奶油代替）。

❹ 加入笔尖面、牛奶、盐，开小火将酱汁收浓。

❺ 关火，趁热倒入生鸡蛋黄和帕马森芝士粉快速拌匀。

❻ 最后倒入陶瓷烤盘中，撒上马苏里拉芝士丝，放入烤箱，打开大面积烧烤模式。将意面放入烤箱的第三层焗烤大约 3 分钟至芝士化开并呈金黄色（因为烤箱顶部温度很高，很容易烤过头，因此焗烤时需要及时观察芝士的上色程度）。

Tips

● 煮面的时候淋入橄榄油，可以使面条不易粘连。加盐可以让面条入点基本味。

● 一般在意大利面的包装袋上都会有煮制的方法，按照指示中火慢煮即可。煮完的面条捞出后拌入橄榄油自然冷却，口感最佳。

● 在这本书的酱汁篇中有白汁的制作方法，也可以用淡奶油代替。

● 马苏里拉芝士就是披萨芝士，可以拉丝。

● 陶瓷烤盘必须是可以在烤箱内使用且耐高温的。

● 大面积烧烤模式就像是焗炉的功能，只有顶部电热管加热，使菜肴顶部的食材迅速加热成熟。制作焗饭、焗意面就可以用到这个功能。家里的烤箱没有这个功能的话，可以将温度设置到 250℃，将意面放在烤箱的最上层，烤至芝士化开上色即可。

这道美食让我想起了 2001 年我刚进厨房做培训生的日子。那时候刚接触西餐，被各式各样的西式菜肴所吸引。这道海鲜芝士酿茄盒就是我印象特别深刻的一道。这道菜将奶香味十足的海鲜酿入酸甜爽口的番茄内，番茄又综合了奶油海鲜的油腻，配上可以拉丝的马苏里拉芝士，奶酪的奶香、番茄的酸甜、海鲜的鲜美完美融合在一起，再搭配其讨巧诱人的外观，叫人怎能不爱上它?

Roasted tomatoes with seafood and cheese

海鲜芝士酿茄盒

原料

番茄 4 只（应大小均匀）
混合海鲜（虾仁、青口、鱿鱼）200 克
洋葱末 30 克
白汁 200 克
德国大藏芥末 10 克
帕马森芝士 25 克
白葡萄酒 2 小勺
柠檬汁 1 小勺
马苏里拉芝士 4 片

制作方法

❶ 番茄从顶部三分之一位置处切开，用勺子挖空番茄子做成茄盒。
❷ 将虾仁、青口、鱿鱼切丁待用，将马苏里拉芝士切成比茄盒口稍微大一点、约 0.3 厘米厚的芝士片。
❸ 锅内炒香洋葱末，加入海鲜丁，炒熟后淋入白葡萄酒、柠檬汁、德国大藏芥末、帕马森芝士、白汁，烧开即可。
❹ 将熬好的海鲜馅放入茄盒里，盖上马苏里拉芝士片，盖上番茄顶。
❺ 烤箱调至热风烧烤模式，预热至 200℃后将海鲜酿茄盒放入烤箱从下往上数第三层，烤 10 分钟即可。

Tips

- 白汁在这本书的酱汁篇里有详细的介绍，也可以用淡奶油代替。
- 烩海鲜时应开中小火，需要经常翻拌，以防粘锅。
- 如果你的烤箱没有热风烧烤模式，可以将茄盒放在烤箱的最上层，便于芝士融化、上色。
- 制作时可以将番茄的底部稍稍切平，使茄盒能够立住。

记得第一次吃生蚝的时候，还有点不敢尝试，但是尝过以后就慢慢爱上了它，从此一发不可收拾，无论生吃的、烤的、焗的都变成了我的最爱。我尤其喜欢法国的 Gillardeau 生蚝。国内的生蚝大多数是用蒜蓉、辣椒烤的，个人觉得味道较重，影响了生蚝本身的鲜美。

其实国外不光生吃生蚝，有时也会烤着吃，其中酱汁是关键。这道焗烤生蚝配番茄罗勒莎儿莎用带有独特香味的罗勒和番茄等蔬菜搭配生蚝，既能品尝到生蚝的鲜美，又有番茄、罗勒的清香，清新多汁，如果你跟我一样爱吃生蚝，不妨一试。

Roasted oysters with tomato and basil salsa

焗烤生蚝配番茄罗勒莎儿莎

原料

生蚝若干只
柠檬、白葡萄酒适量

莎儿莎原料

番茄2只
洋葱30克
青甜椒30克
罗勒叶6片
黑胡椒5克
美国辣椒仔5~6滴
海盐3克
橄榄油150毫升

制作方法

1. 将番茄去皮、去子，与洋葱、青甜椒一起切成小粒，加入切碎的罗勒叶、黑胡椒、美国辣椒仔、海盐腌制5分钟，再加入橄榄油搅拌均匀，制成番茄罗勒莎儿莎。
2. 将生蚝用柠檬水洗净。烤箱调成大面积烧烤模式，将生蚝放入烤箱从下往上数第四层，焗烤2~3分钟后取出，配上番茄罗勒莎儿莎即可。

Tips

- 应挑选外壳颜色黑白分明，去壳之后肉完整丰满、边缘乌黑，肉质带有光泽、有弹性的生蚝。如果生蚝韧带处泛黄或者发白，则表明生蚝不新鲜。
- 新鲜生蚝去壳有一点技术难度，可以在采购的时候让商家帮忙打开。
- 生蚝属于高蛋白质食品，不宜隔夜食用。
- 如果你的烤箱没有热风烧烤模式，可以用普通烘烤模式，将生蚝放在烤箱的中上层。
- 柠檬水由纯净水加柠檬片调制而成。

贻贝又名青口，也叫淡菜，在国外餐厅的常见做法是将新鲜贻贝清洗后直接放入锅中，加入洋葱、香料、白葡萄酒烹煮。个人觉得煮出来的贻贝会失去原有的鲜美，所以我使用的方法是焖烤。将所需食材混合，放入铸铁锅中包上锡纸，盖上盖子，利用烤箱的高温将贻贝焖烤成熟。随着温度的上升贻贝会慢慢打开，白葡萄酒的香味也会在这个密闭的空间内循环，完全渗入贻贝当中，能够最大限度地保持贻贝原本的鲜嫩。

Roasted Mussels with white wine and fennel

白酒茴香焖贻贝

原料

新鲜贻贝 400 克	新鲜茴香 1 个	海盐少许
橄榄油 30 毫升	大蒜头 3 粒	白葡萄酒 20 毫升
番茄 2 个	1 只柠檬的汁	新鲜百里香 1 把
白洋葱半只	现磨黑胡椒 5 克	

制作方法

❶ 新鲜贻贝洗净去沙，放入铸铁锅或康宁锅中，白洋葱、大蒜、番茄切丁，茴香切片。

❷ 锅内倒入橄榄油，炒香茴香、洋葱、大蒜后加入百里香和番茄丁，撒上黑胡椒碎。淋入白葡萄酒、柠檬汁。开小火收浓汤汁，用海盐和黑胡椒调味。

❸ 将调好的汤汁倒入贻贝中，盖上盖子。

❹ 烤箱调成热风模式，预热 220℃，放入贻贝焖烤 25~30 分钟即可。

Tips

● 建议使用铸铁锅，因为铸铁锅的聚热性比较强，可以在更短的时间内使贻贝成熟但不流失食材中的水分。

● 贻贝一定要用鲜活的，冰鲜的和活的口感完全不一样。

我相信烤鸡对于每一个人都有不同的意义。记得小时候最幸福的事就是妈妈下班带一只热腾腾的烤鸡回来，馋嘴的我总是没等开饭就先掰一只鸡腿，边啃边看电视。其实不光中国人喜欢吃烤鸡，西方人对烤鸡的热衷也是丝毫不减。圣诞节、感恩节必不可少的美食就是烤火鸡。西方人喜欢吃烤春鸡（spring chicken）。春鸡就是童子鸡，即肉质比较嫩、个头较小的鸡。虽然中式和西式的烤鸡都是烤出来的，但是腌制的辅料和调料却完全不同，口味也各有特色。

American roast poussin
美式烤春鸡

原料

- 童子鸡 1 只（净重约 800 克）
- 洋葱半只
- 西芹 2 根
- 胡萝卜 1 根
- 柠檬半只
- 卡真粉 30 克
- 白胡椒 3 克
- 橄榄油 30 毫升
- 盐少许

制作方法

❶ 将童子鸡洗净，用厨房纸巾吸干。将洋葱、西芹、胡萝卜切块。

❷ 将卡真粉、盐、白胡椒均匀地涂抹在鸡的表面和内腔，淋上橄榄油。

❸ 将蔬菜塞进鸡的内腔，剩余的可以垫在鸡的底部，放在垫好锡纸的烤盘上（烤鸡腹部朝上）。

❹ 烤箱调到 4D 热风模式，预热到 180℃，放在从下往上数第二层烤 40 分钟即可。

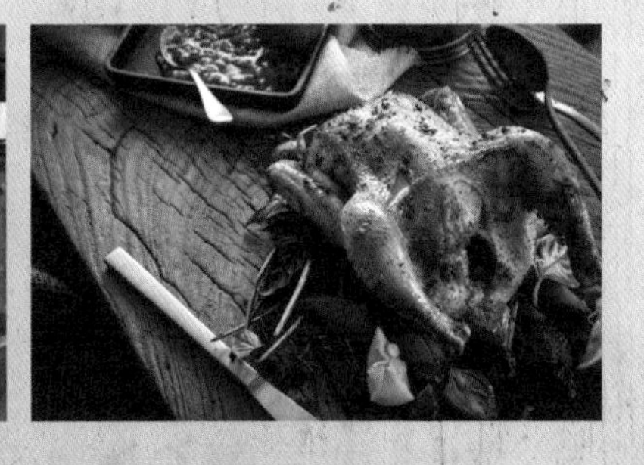

Tips

- 卡真粉英文叫 cajun，是一种复合香料，原产于墨西哥，各大超市和电商有售。
- 腌制鸡肉的时候可以带上一次性手套，搓揉鸡的表面和内腔约 2 分钟，这样可以让调料充分腌制到内部。
- 家里的烤箱没有 4D 热风模式的话，可以用普通烘烤模式烤制。
- 如果家里的烤箱有探针，可以把探针插入鸡胸，将中心温度设置到 85℃。

Fried cod fish

英式炸鳕鱼

英式炸鱼是最具代表性的英式美食。将鲜美爽嫩的鱼肉用纯香的啤酒糊包裹住，待油温升高之后迅速放入锅中。鱼排在锅中吱吱翻腾，炸至金黄酥脆。英式炸鱼外表酥脆，里面的鱼肉在面糊的保护下却格外嫩滑，配上传统的塔塔汁（tartar sauce），让你瞬间感受到浓浓的英伦味道。

炸鳕鱼原料

鳕鱼肉 200 克　面粉 200 克　泡打粉 3 克
盐、食用油、白葡萄酒适量　玉米淀粉 100 克　鸡蛋黄 1 个
柠檬汁、白胡椒粉适量　啤酒 220 毫升　橄榄油 10 毫升

塔塔汁原料

原味蛋黄酱 100 克　柠檬汁 3 毫升
熟鸡蛋白 1 个　洋葱 8 克
水瓜柳 5 克　欧芹 5 克

烤薯角原料

土豆 1 只　盐、黑胡椒碎 3 克
洋葱 30 克　橄榄油 15 毫升

制作方法

A. 炸鳕鱼

❶ 将鳕鱼肉切条，用盐、白葡萄酒、柠檬汁、白胡椒粉腌制 10 分钟。

❷ 将面粉、玉米淀粉、泡打粉、啤酒、鸡蛋黄搅拌在一起制成面糊，加入橄榄油拌匀。

❸ 在炸锅中倒入食用油，将油温升至六成热（约 170℃）。

❹ 给腌制好的鳕鱼条拍上一层薄薄的面粉，再挂上面糊，放入油锅中炸成金黄色。

B. 制作塔塔汁

❶ 将洋葱、欧芹、水瓜柳、熟鸡蛋白切碎。

❷ 将切好的洋葱、水瓜柳、欧芹、鸡蛋白碎与蛋黄酱、柠檬汁一起搅拌均匀即可。

C. 烤薯角

❶ 土豆洗净（无需去皮），用厨房纸吸干，切成薯角。

❷ 洋葱切块，与切好的土豆混合，加入盐、黑胡椒碎、橄榄油拌匀。

❸ 在烤盘上铺锡纸，放上腌制好的薯角。烤箱调成 4D 热风模式，预热到 185℃，把薯角放入烤箱从下往上数第二层烤 30~40 分钟，烤至薯角表面呈金黄色。

Tips

● 鳕鱼也可以用龙利鱼或鱼刺较少的鱼代替。

● 如何判断油温：①三四成热的低温油油温为 90~120℃，油面泛白泡，无烟，当原料下锅时，原料周围出现少量气泡。②五六成热的中温油油温为 150~180℃，油面翻动，青烟微起，原料周围出现大量气泡。③七八成热的高温油油温为 200~240℃，油面转平静，青烟直冒。

● 炸完鱼剩下的油用纱布或细网筛过滤后，可以继续使用。

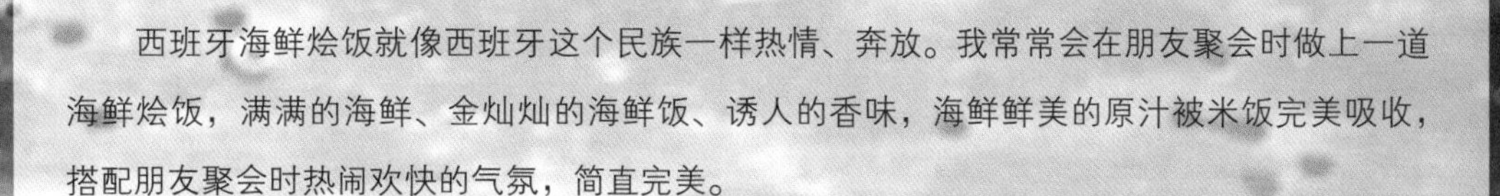

西班牙海鲜烩饭就像西班牙这个民族一样热情、奔放。我常常会在朋友聚会时做上一道海鲜烩饭，满满的海鲜、金灿灿的海鲜饭、诱人的香味，海鲜鲜美的原汁被米饭完美吸收，搭配朋友聚会时热闹欢快的气氛，简直完美。

Spanish seafood paella

西班牙海鲜烩饭

原料

大米 200 克　蓝口贝 8 只　大蒜 30 克　白葡萄酒 10 毫升
藏红花 2 克　青蟹 1 只　欧芹 30 克　柠檬汁 5 毫升
水 200 克　番茄 2 只　青豆 100 克　盐少许
大虾 10 只　洋葱 50 克　海鲜高汤 400 毫升　海盐 2 勺
鱿鱼 1 只　食用油少许

制作方法

❶ 大米加藏红花、水浸泡 1 小时，将大虾、蓝口贝洗净，鱿鱼切圈，青蟹去鳃、洗净、切块。
❷ 将番茄去皮、去子，切成番茄丁。将洋葱、大蒜、欧芹切末待用。
❸ 锅内加油炒香洋葱、大蒜、欧芹末，撒上白葡萄酒，加入青豆、番茄丁和用藏红花浸泡过的大米，再加入海鲜高汤、盐，开小火煮 15~20 分钟。不要翻动，让米粒完全吸收汤汁。
❹ 将海鲜均匀覆盖在海鲜饭的表面，淋上柠檬汁、海盐。
❺ 烤箱调成 4D 热风模式，预热至 200℃，放入海鲜饭烤 20 分钟。

Tips

- 给番茄去皮时可以在番茄底部划个“十”字，再在开水里泡 30 秒，就能将皮轻易地去除。
- 海鲜高汤是用鱼骨加洋葱、西芹、胡萝卜、白葡萄酒、柠檬、香叶、白胡椒小火慢煮 2 个小时而成的，也可以用鸡汤、骨汤代替。
- 做这道菜须用西班牙海鲜锅，此锅面大深度浅，有利于米饭的成熟。
- 如果你的烤箱没有 4D 热风模式，也可以用烘烤模式，把温度设到 230℃烤制。
- 藏红花有活血的功效，孕妇请慎用。

Roasted lobsters with garlic herb butter

香料黄油焗龙虾

香料黄油（garlic herb butter）是传统的西餐调味料，可以运用到很多肉类、海鲜的制作中，最著名的法式焗蜗牛就是用香料黄油调味的。这道菜的制作过程并不复杂，将带有特殊香味的食材拌入黄油中，盖在龙虾上，随着烤箱高温热风烧烤，黄油化开的同时香味完全散发出来渗入龙虾肉之中。除了焗小青龙之外，你还可以用香料黄油焗生蚝、九节虾、扇贝。当然食材的大小、厚薄不同，烤的时间也会不一样，越小的食材烤制时间越短。如果不小心有多余的香料黄油也不用担心，可以放在冰箱的冷冻室，下次使用时室温软化即可。

原料

小青龙 2 只	红甜椒粉 20 克	美国辣椒仔 3 毫升
无盐黄油 250 克	欧芹末 10 克	半只柠檬的汁
洋葱末 15 克	盐 8 克	白葡萄酒 5 毫升
大蒜末 20 克	黑胡椒碎 5 克	

制作方法

❶ 将小青龙对半切开，去除沙线。挤上柠檬汁，淋上白葡萄酒去腥待用。

❷ 黄油室温软化到可以轻松按出指印，加入洋葱末、大蒜末、欧芹末搅拌均匀，再用红甜椒粉、盐、黑胡椒碎、美国辣椒仔调味拌匀，制成香料黄油。

❸ 把香料黄油均匀地抹在腌制好的小青龙上面。

❹ 烤箱调成热风烧烤模式，预热到 200℃，把小青龙放入烤箱从下往上数第三层，烤 15~20 分钟。

Tips

- 红甜椒粉（paprika）可以在超市、电商购买。
- 如果你的烤箱没有热风烧烤模式，可以用普通烘烤模式，将龙虾放在烤箱的上层，将温度设成 220℃烤制。

很多人对羊排有一份独特的钟爱，我也一样。不过一提到烤羊排，国人都会习惯性地想到配孜然烤、配辣椒烤或与青蒜、萝卜同炖，这样虽然美味但是会少了点惊喜。

这里我用截然不同的西式方式烹饪羊排。将酸甜可口的法国芥末酱均匀地抹在整扇肋骨羊排上，配以新鲜的蔬菜和香味独特的迷迭香。烤箱的热风循环使羊排的每一个角落都均匀受热。闻着从烤箱散发出来的浓郁香味，看着吱吱冒油的烤肉，烤完切开后尝一口那鲜嫩多汁的羊排，配上一杯红酒，滋味妙不可言。

原料

七骨羊排 1 扇	盐适量
法国芥末 20 克	橄榄油适量
迷迭香碎 10 克	洋葱半只
大蒜末 20 克	番茄 1 个
红葡萄酒 15 毫升	胡萝卜 1 根
黑胡椒碎适量	西芹 2 根

制作方法

❶ 将羊排洗净，用厨房纸吸干表面，用小刀在背部肉上戳几刀，方便入味。

❷ 将法国芥末均匀地抹在羊排的四面，再加红葡萄酒、盐、黑胡椒碎、迷迭香碎、大蒜末、橄榄油均匀腌制 20 分钟。

❸ 将腌制好的羊排放入煎锅中，四面煎成金黄色，锁住水分。

❹ 将蔬菜切块，垫在烤盘底部，把羊排放在蔬菜上。

❺ 烤箱调成 4D 热风模式，预热到 180℃，把羊排放在烤箱从下往上数第三层烤 25 分钟。

Tips

- 迷迭香是做羊肉料理的常用佐料，可以去除羊肉的骚味，增加菜的味觉品质。
- 如果烤箱有探针，可以把探针插入羊排，将中心温度设置成 72℃。
- 购买不到新鲜迷迭香的话，可以使用干的迷迭香料。
- 七骨羊排又称法式羊排，但并不是指做法和羊排来自法国，而是指取自羊的特定部位并有固定切法的一种羊排，在各大超市和电商都可以买到。

Roasted lamb with herbs
and garlic
香草蒜子烤七骨羊排

Roasted shrimps with Longjing green tea and salt

龙井茶盐烤虾

作为地道的杭州人，我对龙井的情愫是根深蒂固的。盐烤虾原本的做法是将粗盐炒干后铺在红虾的表面，包上锡纸放入烤箱烘烤。盐可以锁住虾的水分和营养成分，又可以使其入味，最大程度地保留虾原本的味道。我在炒盐的时候加入了龙井茶叶，并用茶盐包裹住大虾一起烘烤，将海鲜的鲜美和龙井的茶香十分融洽地结合在了一起。烤好之后的大虾不仅有海鲜特有的鲜美，还散发着淡淡的龙井茶香，充满了杭州味道。

原料

阿根廷红虾 10 只	桂皮 3 克
粗盐 500 克	白葡萄酒 10 毫升
茶叶 150 克	柠檬汁 3 毫升
八角 3 克	

制作方法

❶ 先将阿根廷红虾的背部用刀划开，去除虾线，洗净，用厨房纸将虾上的水分吸干，淋上白葡萄酒、柠檬汁。

❷ 在炒锅内加入粗盐、八角、桂皮和茶叶（无需加油），开中火进行翻炒，炒 4~5 分钟至有茶叶香散发出来。

❸ 准备一个适合高温烘烤的烤盘，将炒好的茶盐均匀地覆盖在红虾表面。盖上锡纸，打开 3D 热风程序，将虾放在烤箱从下往上数第三层，220℃烤 20 分钟即可。

- 阿根廷红虾可在各大超市和电商采购，也可以用九节虾、对虾代替。
- 烤完掀开锡纸的时候应小心热汽涌出。
- 虾壳表面会有粗盐粘连，需要去壳食用。
- 烤完虾的盐可以重复利用，下次制作时先将盐放锅内用中火炒干即可。

甜品是我接触最晚的一类美食，却是在最短的时间内让我着迷痴狂的，到现在我还经常后悔自己为什么不早点去接触它。甜品几乎就是西式美食的代名词，也是国人认可度最高的西式美食。它那华丽的外表和富有层次的口感，不知令多少人倾倒。而今无论是标准西式大餐，还是传统中式酒宴，都将甜品作为压轴登场，给一道宴席画上一个完美的句号。现在甜品已经走进了大家的日常生活，我们可以做道甜品作为下午茶去拉近朋友之间的距离，也可以和子女一起做一个蛋糕来增进亲子感情。对于我来说，甜品最吸引我的还是它的可塑性，我们可以在它身上尽情地发挥创意，创造更多的美味。本篇介绍的都是非常经典且高颜值的甜品，希望可以给大家的生活带来不一样的情调。

PART4

甜品 & 面包

Desserts & Bread

Caramel and walnuts pie

焦糖核桃派

焦糖拥有深沉厚实的颜色、浓香丝滑的口感，俘获了不知多少人的味蕾。焦糖核桃派将我大爱的焦糖与核桃组合，搭配香酥的法式黄油派底，口味浓厚而富有层次感。

派底原料

黄油 110 克	低筋面粉 185 克
糖粉 60 克	盐 1 克
杏仁粉 25 克	鸡蛋 35 克

核桃馅原料

核桃 220 克	稀奶油 300 克
糖 120 克	黄油 20 克
蜂蜜 100 克	防潮糖粉适量

模具

6 寸派底模具（活底）2 个

制作方法

A. 制作派底

❶ 将黄油自然软化，加入糖粉打发至黄油微微泛白，倒入鸡蛋液高速打发，再筛入低筋面粉、杏仁粉、盐低速搅拌成面团。包上保鲜膜放在冰箱冷藏 30 分钟。

❷ 在面团上撒上干粉，用擀面杖擀成面皮盖在模具上，再用擀面杖压去多余的面皮。用手将面皮与派底表面捏紧实，再用叉子在底部戳若干个小孔。

❸ 烤箱开启上下火烘焙模式，预热到 170℃，将派底放入烤箱从下往上数第二层，烤 15 分钟，取出放凉。

B. 制作焦糖核桃馅

❶ 将核桃切成大颗粒（约整个核桃的 1/4 大小）。

❷ 将稀奶油用中火加热至 80℃左右，放置一边待用。

❸ 将糖、蜂蜜在锅内熬成焦糖色后分 3 次倒入稀奶油中。

❹ 加入黄油搅拌均匀，再加入核桃搅拌均匀。

C. 烘烤

❶ 将焦糖核桃馅装入派底。

❷ 烤箱调成上下火烘焙模式，预热到 175℃，将派放入烤箱从下往上数第二层烤 18 分钟。烤完冷却后脱模，用网筛撒上防潮糖粉装饰即可。

Tips

- 最好使用活底模，方便脱模。
- 派底面团可以放入冰箱冷藏 15 分钟，取出撒上干粉后再擀制，这样不易粘。用叉子在面皮上戳小孔是为了防止烘焙时面皮膨胀。
- 稀奶油加热时应用硅胶刀不停搅拌，以免结底。
- 熬焦糖的时候最好用大号不锈钢复合底的锅具开中高火熬制，后期不要经常搅动焦糖，否则容易起沙，熬出来的焦糖不细腻。熬制焦糖后期注意观察颜色，一旦熬到焦糖色立刻离火。分次加入稀奶油时应注意焦糖沸腾的高度，温度较高，要注意安全。加入黄油、核桃翻拌后应趁热装入派底。

Lemon tart

柠檬塔

这是个人比较喜欢的甜品，喜欢它的原因或许是因为它与其他甜品不一样。它简约、舒爽，只有那纯粹而淡淡的黄色，再点缀上可爱小巧的意式蛋白霜，乍一眼看上去平淡无奇，其实却自有一份优雅。酸爽清新的柠檬馅心配上酥脆的塔底，点缀小小的意式蛋白霜，香软清甜，我想你一定也会像我一样爱上它。

塔底原料

参考焦糖核桃派派底原料

柠檬馅心原料

黄油 85 克	吉列丁片 2 克
细砂糖 70 克	柠檬汁 70 克
鸡蛋液 85 克	半只新鲜柠檬的屑

意大利蛋白霜原料

细砂糖 100 克
水 30 克
蛋白 50 克

制作方法

A. 制作塔底

参考焦糖核桃派派底制作方法。

B. 制作柠檬馅心

❶ 用搓皮刀搓出柠檬皮屑，柠檬切开挤出柠檬汁。

❷ 将吉列丁片在冰水中泡软，挤干水分待用。

❸ 将鸡蛋液、细砂糖、柠檬汁加热到 82℃，不停地搅拌。

❹ 加入泡好的吉列丁片和柠檬皮屑后离火，加入黄油，即为柠檬酱。

❺ 将做好的柠檬酱放入冰箱自然冷却成稠状后倒入裱花袋，挤入塔底，抹平。

C. 制作意大利蛋白霜

❶ 将蛋白用电动搅拌机打至干性打发。

❷ 细砂糖加水烧至 118℃，熬成糖水。

❸ 立即将糖水分 3 次倒入打发的蛋白中，边倒边打发至温度降到 30℃左右，蛋白较厚拉起来有尖角且不易垂落，即成意大利蛋白霜。

❹ 把意大利蛋白霜灌入装有圆形裱花嘴的裱花袋中，在柠檬塔上挤出圆形即可。

❺ 最后烤箱调至大面积焗烤模式，预热 3 分钟，放入挤上蛋白霜的柠檬塔，烤至蛋白霜上色即可。

● 搅拌加热柠檬馅的时候，因为其中含有玉米淀粉，所以应注意其状态，搅拌加热至半浓稠状态即可。

● 烤箱没有大面积焗烤功能的话，可以用普通烘烤模式，温度调至 220℃。将柠檬塔放在烤箱上层，肉眼观察上色即可，也可以直接用喷火枪喷上色。

● 食用时可以用树莓、蓝莓等新鲜水果装饰。

Chestnut puree tart

法式栗蓉塔

栗蓉塔的主要成分是由板栗泥和淡奶油组成的栗蓉奶油。用我们再熟悉不过的板栗去制作甜品，或许只有对美食有着无限热爱的法国人才能想得到。栗香浓郁、甜糯可人的板栗加入如丝细滑的淡奶油中，两者完美互补，相辅相成，带给我们全新的味觉体验。

原料

栗蓉 100 克	细砂糖 20 克
蛋黄 1 个	小塔底适量
淡奶油 200 克	板栗适量
鱼胶片 5 克	

主要工具

网筛 1 个
面条嘴（栗子嘴）
圆形塔模（6 厘米直径）

制作方法

❶ 将鱼胶片泡在冰水里自然软化。
❷ 将栗蓉与细砂糖打发后加入蛋黄搅拌约 40 秒，倒入淡奶油，打至中干性发泡状态（打至奶油出现纹路）。
❸ 将泡好的鱼胶片放在微波炉里，用中火加热 10 秒，倒入步骤 2 的栗蓉中翻拌均匀。
❹ 将拌好的栗蓉糊用网筛过滤一遍，筛去细小颗粒杂质，放入冰箱冷藏 30 分钟。
❺ 准备好小塔底，在塔底中间放上一颗板栗肉，再把制作好的栗蓉糊灌入装有面条嘴的裱花袋中，挤在塔底上。注意应以板栗为中心点一圈一圈环绕式向上挤。再用板栗装饰，撒上糖粉即可。塔底的制作方法可以参考焦糖核桃派派底。

Tiramisu

提拉米苏

提拉米苏在意大利语里有“带我走”的含义，它的背后有一个感人的故事。“二战”时期，一个意大利士兵即将开赴战场，可是家里已经什么也没有了。爱他的妻子为了给他准备干粮，把家里所有能吃的饼干、面包全做进了一个糕点里，那个糕点就叫提拉米苏。每当这个士兵在战场上吃到提拉米苏，他就会想起他的家，想起家中心爱的人……提拉米苏带走的不只是美味，还有爱和幸福。

原料

马斯卡彭奶酪 150 克	细砂糖 60 克 + 水 15 克	手指饼干若干
淡奶油 200 克	浓缩咖啡 20 克	防潮糖粉适量
鸡蛋黄 3 个	咖啡酒 20 克	可可粉适量
牛奶 30 克	鱼胶片 15 克	

制作方法

❶ 将鸡蛋黄隔温水打发 1 分钟至微微发白。将细砂糖加水烧开，慢慢倒入打发的蛋黄液中（边倒边搅拌，起到为蛋黄杀菌的作用）。

❷ 将鱼胶片在冰水里泡软，捞起后沥干水分。注意鱼胶片应分开一片一片放入冰水里，保证每一片都可以均匀泡开。准备一个小锅，加入 30 克牛奶，烧开后离火，将泡好的鱼胶片放入奶中化开，制成鱼胶液。

❸ 将马斯卡彭奶酪自然软化，拌入步骤 1 的蛋黄液中搅匀。

❹ 将淡奶油打发至中干性发泡状态（即出现纹路状态），与步骤 3 的蛋黄奶酪糊混合。拌入鱼胶液，即为提拉米苏糊。放入冰箱冷藏 30 分钟。

❺ 将手指饼干粘上咖啡酒与浓缩咖啡混合液，待用。

❻ 将提拉米苏糊灌入裱花袋，挤至杯子约 1/3 处后放上手指饼干，再挤 1/3 厚度，放上手指饼干后挤满，放入冰箱冷藏 1 个小时定型。（如果搅拌好的提拉米苏糊比较稀，可以放在冰箱冷藏一会儿，方便挤入杯中。如果想做提拉米苏蛋糕的话，可以将面糊挤在 6 寸蛋糕模具里定型。）

❼ 最后用细网筛先撒上一层防潮糖粉，再撒上一层可可粉即可。

Tips

- 马斯卡彭奶酪属于奶油奶酪的一种，口感香滑细腻，是做提拉米苏的必备食材，可在大型超市或电商购买。
- 手指饼干可以用包装好的进口手指饼干，也可以自己制作。
- 应使用防潮糖粉，这样撒上去的可可粉不会受潮。

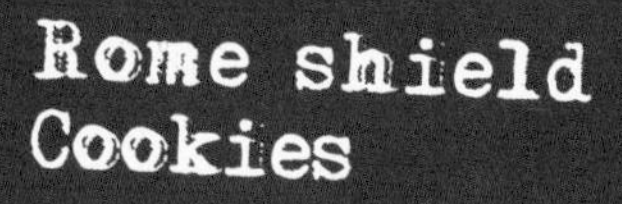

罗马盾牌

这款饼干形似古罗马人行军打仗的盾牌，是最近很流行的一种曲奇。罗马盾牌的外圈是奶香酥脆的黄油曲奇，里面是美味可口的焦糖杏仁馅心，一口咬下去回味无穷，欲罢不能。第一次做这款饼干的时候，我对它不抱有太高的期望，因为它运用的都是很普通的食材，做法也很简单。做完之后大家却蜂拥而至，都对它赞不绝口，才忍不住尝了一块。发现它将两种很普通的食材巧妙地搭配在一起，产生了非同一般的口感。看来流行是有它的道理的。

原料 A

黄油 35 克	蛋清 30 克
糖粉 40 克	低筋面粉 75 克

原料 B

黄油 20 克	麦芽糖 25 克
糖粉 25 克	杏仁片 35 克

制作方法

❶ 将原料 A 中的黄油自然软化，与糖粉混合打发至微微泛白。再慢速加入蛋清，边加边中高速搅拌。将蛋清完全融合后，筛入低筋面粉拌匀。

❷ 将制作好的黄油面团灌入装有小号裱花嘴的裱花袋，在垫有油纸的烤盘上挤出形似盾牌的椭圆形（约 1 元硬币的 1.5 倍大小）。

❸ 将原料 B 中的黄油、麦芽糖混合烧开，离火。倒入糖粉和杏仁片拌匀，制成杏仁馅心。

❹ 将制作好的焦糖杏仁平均填入挤好的盾牌中间，装满内圈的 1/2 即可。

❺ 烤箱调至上下火烘焙模式，预热到 170℃，将罗马盾牌放入烤箱从下往上数第二层，170℃烤 12 分钟，取出放凉即可。

Tips

- 杏仁馅心不宜加入过多，装满内圈的 1/2 就可以了。因为在烤的过程中杏仁馅心会化开，填满整个罗马盾牌。
- 烤完的饼干完全冷却后应放入密封罐，在阴凉的位置可存放 1 周。

一份色彩缤纷、活力四射的美式松饼最适合作为早餐，开启美好的一天。美式松饼口感松软，一般搭配枫糖浆、蜂蜜、打发的奶油、新鲜水果切片（比如香蕉片、猕猴桃片等），再配上一杯热牛奶，秀色可餐，能量满满。

Pancakes

美式松饼

原料

低筋面粉 260 克	泡打粉 8 克
牛奶 260 克	蜂蜜适量
鸡蛋 2 个	糖粉适量
黄油 40 克（另备少许煎饼用）	枫叶糖浆适量
白砂糖 50 克	新鲜水果适量

制作方法

❶ 将黄油隔水融化。将低筋面粉、白砂糖和泡打粉混合，先加入一半牛奶，待搅拌至细腻无颗粒后再慢慢加入剩下的牛奶，边加边搅。搅匀后再加入鸡蛋、黄油搅拌均匀。

❷ 在不粘锅中加入黄油化开，用勺子将面糊倒入锅子的中心处，使其慢慢由中心向四边散开成直径约 6 厘米的圆形。电磁灶开至 6 挡（燃气灶调至中火），煎至表面起泡后再翻面煎 10 秒即可。

❸ 最后可配上蜂蜜、枫叶糖浆、糖粉、新鲜水果食用。

● 煎饼的时候不需要加入太多的黄油，一般 5 克黄油就可以了。需要使用不粘锅来煎。加热黄油时温度不能过高，黄油燃点低，很容易烧焦。

● 煎制时开中火将一边煎至慢慢起泡后翻面，切记不要用锅铲去压煎饼，否则会将饼中的空气压掉，煎出来的饼会很紧实，不够松软。

Yogurt and vanilla mousse

香草酸奶慕斯杯

慕斯（mousse）作为甜品的一个大类，不像其他甜品一样需要经过烤箱的烘烤，也不需要像面包一样进行长时间的发酵。它以淡奶油为基础，加入各式果蓉或巧克力，只需冰箱冷冻即可完成。慕斯口感细腻轻盈，色彩丰富，造型可以通过变换模具变得千姿百态，深受大家的追捧。在空闲的午后，泡上一杯咖啡，配上一块慕斯蛋糕，品一口咖啡，尝一口慕斯，那入口即化的口感，让人流连忘返。

原料

淡奶油150克　细砂糖40克
原味酸奶150克　鱼胶片15克
香草荚1条　草莓适量
牛奶50克　草莓果酱适量

制作方法

❶ 准备一盆冰水，将鱼胶片一张一张地放入冰水中泡软。

❷ 将香草荚用小刀划开，将香草籽刮入牛奶里，倒入细砂糖煮开后加入泡软的鱼胶片，冷却到30℃左右。

❸ 将淡奶油打发至中干性发泡状态（即出现纹路状态），加入酸奶和步骤2的牛奶鱼胶液，搅拌均匀制成香草酸奶慕斯糊。

❹ 草莓切丁，与草莓酱混合后放入杯子的底部，再倒入香草酸奶慕斯糊。放入冰箱冷藏30分钟，取出后用草莓装饰即可。

Tips

- 鱼胶片是动物琼脂的一种，起到凝固定型的作用，可以将奶油塑型成你所需要的形状。
- 香草荚可以在各大超市购买，也可以用香草精代替。

Mango mousse

芒果淋面慕斯

法式甜品在国际上一直有着很高的地位。近几年法式甜品在中国越来越流行，有着众多的拥护者，我也一直没有停下追逐的脚步。相信你和我一样，都会被它那惊艳的外表和富有层次的口感所折服。法式甜品之所以可以在国际上享有如此高的知名度，是因为它不断运用新的制作工艺，不停地去创作研发新的品类。只有了解法国的美食，你才能真正明白为什么在法国大厨会被归类为艺术家。

焦糖蓝莓酱原料

- 蓝莓 100 克
- 糖 40 克
- 柠檬汁 10 克

芒果慕斯原料

- 芒果果蓉 200 克
- 淡奶油 200 克
- 糖 15 克
- 鱼胶 10 克

椰子慕斯原料

- 椰浆 120 克
- 淡奶油 120 克
- 糖 30 克
- 鱼胶片 5 克

芒果淋面原料

- 芒果果蓉 150 克
- 鱼胶片 13 克

装饰原料

- 蓝莓果酱适量
- 树莓适量
- 开心果碎适量

塔底原料

参见焦糖核桃派派底原料

制作方法

A. 制作塔底

参见焦糖核桃派派底制作方法。

B. 制作焦糖蓝莓酱

❶ 将蓝莓加入一半糖捏碎，腌制 2 个小时。

❷ 再将蓝莓与另一半糖放入锅中，开中火边熬制边搅拌至浓稠，加入柠檬汁后冷却。

C. 制作椰子慕斯

❶ 将鱼胶片用冰水泡软，挤干水分。

❷ 将椰浆与糖一起倒入锅中，加热至糖溶化，加入软化的鱼胶片，降温到 40℃。

❸ 将淡奶油打发至中干性发泡状态（即出现纹路状态）。

❹ 将步骤 2 的椰浆鱼胶混合液分两次拌入淡奶油中，搅拌均匀，制成椰子慕斯。

❺ 将搅拌均匀的椰子慕斯挤入小号半球模具中，抹平表面，冷冻 4 个小时。

D. 制作芒果慕斯

❶ 将鱼胶片用冰水泡软，挤干水分。

❷ 芒果果蓉加糖在锅中加热化开后降温到 40℃左右，放入挤干水的鱼胶片化开。

❸ 将淡奶油打发至中干性。

❹ 将步骤 2 的芒果鱼胶液分两次拌入打发的淡奶油中，搅拌均匀，制成芒果慕斯。

❺ 将芒果慕斯挤入半球硅胶模具至约五分满，将提前冻好的椰子慕斯塞入芒果慕斯的中间。再挤入芒果慕斯覆盖椰子慕斯后将表面抹平，放入冰箱冷冻 4 个小时。

E. 制作芒果淋面

❶ 鱼胶片在冰水中泡开，软化。

❷ 将芒果果蓉在锅中加热到 60℃，加入软化的鱼胶片搅拌均匀。用细网筛过滤，降温到 38℃左右，制作成芒果淋面酱。

❸ 将冰冻好的芒果慕斯取出放在网架上，底部垫一个和网架大小一样的盘子。将芒果淋面酱从慕斯的顶部淋下来，包裹住整个慕斯。

F. 组装、装饰

❶ 将蓝莓果酱填入塔底中。

❷ 盖上淋面半球芒果慕斯。

❸ 在慕斯的四周粘上开心果碎。

❹ 表面可以用树莓装饰。

- 芒果淋面酱可以反复多淋几层，使其更加光亮、饱满。
- 果酱需要完全冷却后才能放入塔底。
- 不马上食用的话可以将芒果淋面慕斯放在冰箱冷藏保存。

Macaroon

马卡龙

马卡龙是法式甜品的代表，色彩丰富、唯美可人，不知道俘获了多少少女的心。一枚完美的马卡龙，表面光滑，无坑疤，在灯光照射下泛着淡淡光泽，饼身下缘还会出现一圈漂亮的蕾丝裙边。如果你因为它的原材料和做法都很简单而觉得成功率一定很高，那你就错了。制作马卡龙时，食材的温度、空气的湿度、烤箱的温度还有制作的小细节都十分讲究。哪怕只有一步失误，也会导致失败。所以要多多磨合，慢慢去了解它的习性。当你征服它的时候，你会觉得特别有成就感。这也许就是烘焙带给大家的乐趣。

马卡龙壳原料

杏仁糊原料：

杏仁粉 100 克

糖粉 100 克

蛋白 38 克

色粉 0.5 克

蛋白糊原料：

白砂糖 100 克

水 26 克

蛋白 38 克

马卡龙基础黄油馅原料

细砂糖 50 克

水 30 克

蛋黄 36 克

黄油 180 克

马卡龙基础黄油馅制作方法

❶ 将蛋黄高速打发约 2 分钟。

❷ 水加细砂糖加热到 118℃，倒入打发的蛋黄中，一边倒一边搅拌。

❸ 将软化的黄油分两次加入蛋黄糊中，搅拌均匀即可。

马卡龙壳制作方法

A. 制作杏仁糊

❶ 将杏仁粉与糖粉混合过筛拌匀，将蛋白与色粉混合（让色粉稀释）。

❷ 将混有色粉的蛋白倒入杏仁粉中，用刮刀刮抹均匀。

B. 制作蛋白糊

❶ 将蛋白用打蛋器打发至干性状态。

❷ 将白砂糖与水混合烧至 118℃。

❸ 将熬好的糖水倒入蛋白糊中，边倒边用打蛋器搅拌至蛋白完全降温即成蛋白霜。

❹ 将打好的蛋白霜分 3 次加入杏仁糊中，翻拌均匀制成马卡龙糊。

C. 制作马卡龙

❶ 将马卡龙糊灌入裱花袋，在不粘油布上挤成直径约 2.5 厘米的圆形。

❷ 将挤好的马卡龙壳放在阴凉的地方自然吹干（依据室温的不同一般吹 40~60 分钟）。

❸ 烤箱调成上下火烘烤模式，预热到 170℃，将马卡龙壳放入烤箱从下往上数第二层，烤 10~12 分钟。

组装

将马卡龙壳挤上黄油馅组装起来。组装后最好放冰箱冷藏一个晚上，口感更佳。

- 将糖粉过筛可以使马卡龙表面更加光滑。
- 搅拌杏仁糊的时候使用翻拌法可以将空气压出。
- 熬糖水时可以用温度针测温。
- 制作蛋白霜时注意每倒入一次糖水都要进行高速打发，打好的蛋白霜应该很硬，很坚挺。
- 挤好的马卡龙需要晾干至表皮结壳，用手指触碰不会粘手。
- 烤完的马卡龙需要完全冷却后才能取出。

Nut pound cake

坚果磅蛋糕

磅蛋糕的口感就像它的名字一样给人留下扎实的印象。磅蛋糕起源于18世纪的英国，当时用到的只有四样等量的材料，一磅糖、一磅面粉、一磅鸡蛋、一磅黄油。因为每样材料各占1/4，所以传到法国，类似的蛋糕也叫四分之一蛋糕。现在的磅蛋糕经过改良之后质地变得越加细腻柔软，也加入了水果、干果、抹茶、可可粉等，口感更加丰富。

原料

黄油270克
低筋面粉270克
白砂糖270克
鸡蛋液225克
泡打粉3克
酒渍提子干100克
核桃仁100克
蔓越莓100克

朗姆糖水原料

白砂糖16克
水27毫升
朗姆酒35毫升

制作方法

❶ 将软化好的黄油放入搅拌盆中，加入白砂糖，用打蛋器打发至蓬松、泛白的羽毛絮状。
❷ 将提子干在朗姆酒中浸泡约2个小时至泡软。
❸ 将鸡蛋液打散，分3次倒入步骤1的黄油中，每一次都要搅拌至均匀、平滑的乳化状态。
❹ 混合筛入面粉和泡打粉，搅拌面糊至没有面粉颗粒且富有光泽。
❺ 加入核桃仁、蔓越莓以及酒渍好的提子干并搅拌均匀，将面糊倒入磅蛋糕模具中。
❻ 烤箱调成上下火烘焙模式，预热到170℃，将盛有面糊的磅蛋糕模具放在烤箱从下往上数第二层。烤15分钟后用刀片在蛋糕中间划一条口子，继续烤30~40分钟即可。
❼ 将白砂糖、水、朗姆酒混合，加热烧开后均匀地刷在烤好的蛋糕四面即可。

Tips

- 提子干可以在制作之前提前浸泡，如果觉得朗姆酒味太浓，可以加入一半清水一半朗姆酒。
- 做磅蛋糕时应该使用不粘模具，以方便脱模。
- 核桃仁和蔓越莓也可以换成其他坚果或干果。
- 烤完的蛋糕应趁热刷上糖水，使糖水能充分吸收。
- 刚烤好的蛋糕很软，比较容易切碎，需要完全冷却后用锯齿刀切。

Molten chocolate cake

巧克力熔岩蛋糕

我喜欢甜品，因为它会给我们带来无限惊喜和浪漫，这道巧克力熔岩蛋糕就完美诠释了以上两点。看上去很简单的一道巧克力蛋糕，却会在勺子挖下去的那一刻给你无限的惊喜。热腾腾的巧克力液瞬间流淌出来，挖一勺放入口中，蛋糕的松软夹杂着熔岩巧克力的丝滑在口腔中回荡，让人惊喜连连。把这道甜品做给你所爱的人吧，用甜品表达你的浪漫，去融化他（她）的心。

原料

牛奶巧克力 140 克	细砂糖 40 克
黄油 110 克	低筋面粉 60 克
全蛋 2 只	朗姆酒 5 克
蛋黄 2 只	糖粉适量

化开的黄油 30 克（抹在小纸杯内部）

低筋面粉 30 克（撒在小纸杯内部）

工具

纸杯蛋糕模具或小号陶瓷耐高温碗

小纸杯

毛刷

制作方法

❶ 将牛奶巧克力隔热水软化。

❷ 将全蛋和蛋黄加细砂糖打发至微微泛白，不要过度打发。

❸ 将步骤 2 的蛋液倒入牛奶巧克力溶液中快速搅拌均匀，再筛入低筋面粉翻拌均匀，倒入朗姆酒拌匀。

❹ 在小纸杯内部刷上一层化开的液体黄油，再撒上一层薄薄的干面粉（用来防止蛋糕粘住小纸杯），倒扣掉多余的面粉。

❺ 将制作好的巧克力面糊倒入套有小纸杯的模具中，倒至约九分满，放入冰箱 4℃冷藏 30 分钟。

❻ 烤箱调成上下火烘焙模式，预热到 220℃，将蛋糕放入烤箱从下往上数第二层，烤 8~10 分钟，取出冷却 5 分钟后剥去纸杯壳，最后撒上糖粉即可。

Tips

- 蛋糕烤完取出后应自然冷却 2~3 分钟，待蛋糕表皮变硬后才能去除纸杯。
- 这是一道热食的甜品，出炉后应尽快食用。
- 小纸杯也可以用硅胶模具替代。

Chocolate puff

巧克力酥皮泡芙

泡芙或许是大家最早了解的甜品了。它松软的外皮包裹着丝滑的奶油，总是让人欲罢不能。这道巧克力酥皮泡芙给传统泡芙增加了一层酥皮，不仅外表更加小巧可人，而且增加了酥脆的口感。最后挤入朗姆奶油，浓浓的朗姆酒配上口感轻盈的淡奶油，每一口都极富层次。

朗姆奶油馅原料

淡奶油 150 克　朗姆酒 5 克
细砂糖 18 克

酥皮原料

黄油 38 克　低筋面粉 45 克
细砂糖 40 克　可可粉 5 克

泡芙皮原料

牛奶 100 克　细砂糖 2 克　低筋面粉 55 克　鸡蛋液 95 克
黄油 45 克　盐 1 克　可可粉 5 克

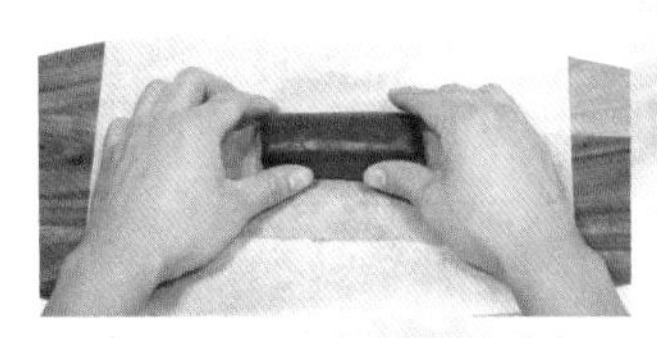

制作方法

A. 制作朗姆奶油馅

将淡奶油与细砂糖、朗姆酒混合，用厨师机打至干性打发状态（即打至奶油有轨迹，摇晃奶油不会晃动）即可。

B. 制作酥皮

❶ 将黄油自然软化，与细砂糖搅拌打发，筛入低筋面粉和可可粉搅拌均匀，制作成巧克力酥皮。

❷ 将制作好的巧克力酥皮用油纸塑形成截面直径约 3 厘米的圆柱形长条，放入冰箱冷藏 40 分钟。

C. 制作泡芙

❶ 在不锈钢锅内加入牛奶、黄油、细砂糖、盐混合烧开后关火，筛入低筋面粉和可可粉，开小火翻拌至均匀光滑。

❷ 倒入不锈钢盆中，用厨师机中速搅拌。降温到 40℃左右，分 3~4 次倒入鸡蛋液，每倒一次都需要搅拌至完全混合均匀、面糊充分吸收蛋液后才能继续加入下一次的蛋液，制成泡芙糊。（泡芙面糊制作时可以用刮刀刮起一部分观察，面糊呈三角形且过 4~5 秒后能慢慢垂落即可。）

❸ 将泡芙糊灌入裱花袋，在垫有油纸的烤盘上挤出直径约 3 厘米的馅心，取出巧克力酥皮切成直径约 3 厘米的酥皮片，放在泡芙糊的中心位置。

❹ 烤箱调成上下火烘焙模式，预热到 170℃。将泡芙放入烤箱从下往上数第二层，烤 35 分钟后取出，待完全冷却后用锯齿刀从中间位置将它横向切开。

❺ 在裱花袋中装入六齿裱花嘴。将打发好的朗姆奶油馅灌入裱花袋中，挤在泡芙底上，盖上另一半泡芙即可。

Tips

- 酥皮需要完全冻硬了才能切，不然容易切碎。
- 烤制过程中不要打开烤箱，空气的涌入会使泡芙瘪掉。
- 应待泡芙壳完全冷却后再挤入朗姆奶油馅。

Rich cheese cake

德国重芝士蛋糕

芝士蛋糕的诱惑不是一般人能够抵挡得住的，很多人都是在不知不觉中陷入了芝士蛋糕的甜蜜陷阱中，我也一样。真正热爱芝士蛋糕的人一定会爱上我这款德国重芝士蛋糕。这款蛋糕的芝士含量达到了70%，入口后醇香的芝士瞬间如丝一般顺滑化开，在舌尖慢慢萦绕。记住，一定要把控住自己，否则你会一口接一口，在这个陷阱中慢慢沉沦。

原料

奶油奶酪（cream cheese）500克	细砂糖150克
鸡蛋3个	柠檬1个
牛奶150克	消化饼干150克
玉米淀粉15克	黄油20克+30克

模具

8寸蛋糕圆模具

制作方法

❶ 将消化饼干用擀面杖压碎，拌入软化好的20克黄油，搅拌均匀后铺在模具底部压紧实。放入冰箱冷藏20分钟，将柠檬皮刨成碎。

❷ 将奶油奶酪切成小块，放入微波炉中。用中火加热2分钟至奶油奶酪软化，与细砂糖一起打发。将鸡蛋一个一个加入奶酪糊中，每加入一个都要搅匀后再加下一个。再加入玉米淀粉、牛奶、软化的30克黄油。

❸ 把拌好的蛋糕糊倒入蛋糕模中，轻震两下以消除小气泡。

❹ 烤箱调至上下火烘烤模式，预热到160℃，开启蒸汽辅助（高），将芝士蛋糕放入烤箱从下往上数第二层，烤50分钟。再调至大面积焗烤模式烤至表面上色即可。（注意大面积焗烤的温度非常高，很容易烤焦，应随时注意烤箱内蛋糕的颜色变化。如果烤箱没有大面积焗烤模式，可以继续160℃烘烤，然后将模具稍微靠近烤箱上层，便于上色。）

❺ 烤完取出，自然冷却后放入冰箱3个小时，以方便脱模。注意，刚烤完的芝士蛋糕十分柔软，需要自然冷却，再放入冰箱冷藏，最后用热毛巾捂住模具四周或是用电吹风软化模具四周脱模。

Tips

- 最好使用活底圆形蛋糕模具，在底部垫上一张修剪好的圆形油纸，以方便脱底。
- 奶油奶酪可以放在常温自然软化，这样打发时不易产生细小颗粒。
- 加鸡蛋的时候应先加一个打发，待鸡蛋完全融入奶油奶酪后再加下一个。
- 烤芝士蛋糕一般都用水浴法。如果没有蒸汽辅助功能的烤箱，可以在蛋糕的下一层放上一盆开水，增加烤箱的湿度。也有些人直接把模具放在盛有水的烤盘中放进烤箱烘烤，这时，为了避免水进入模具，需要用锡箔纸将模具四周包起来。
- 切蛋糕时可以把刀具在开水里浸泡一会儿再切，以防止粘刀。

玛德琳蛋糕（Madeleine）是一种家庭风味十足的小点心，在法国的街头小巷很容易见到，其制作方法、原料都非常简单。烤玛德琳蛋糕时用的是贝壳模具，烤出来的蛋糕十分小巧可爱。据说当年有一位美食家流亡到了梅尔西城，有一天用餐时他带的私人厨师溜掉不见了，这时有一位女仆临时烤了她拿手的小点心去应急，没想到竟然得到了这位美食家的欢心。后来这位美食家就拿这位女仆的名字玛德琳命名了这道美食。

Green tea Madelyn cake

抹茶玛德琳蛋糕

原料

低筋面粉 105 克
抹茶粉 15 克
杏仁粉 60 克
黄油 150 克
鸡蛋液 170 克
蜂蜜 18 克
细砂糖 110 克
糖渍蔓越莓适量
泡打粉 6 克

模具

贝壳模具 1 个

制作方法

❶ 将黄油放锅内，用中火融化成液体，低筋面粉、杏仁粉、抹茶粉过筛。

❷ 将低筋面粉、抹茶粉、杏仁粉、泡打粉、细砂糖、蜂蜜混合，加入鸡蛋液搅拌成光滑无颗粒的面糊。再加入黄油搅匀，制成抹茶玛德琳糊。

❸ 将抹茶玛德琳糊灌入裱花袋，挤在模具中（约八分满），放上糖渍蔓越莓按实。

❹ 烤箱调成上下火烘焙模式，预热到 180℃，将玛德琳放入烤箱从下往上数第二层，烤 16~18 分钟即可。

- 干粉类食材在使用时需要过筛，以防止有颗粒产生。
- 最常见的贝壳模具有硅胶的和铝制的两种，我这里用的是硅胶模具，不容易粘连。
- 如果想做其他口味的玛德琳蛋糕，可以将抹茶粉替换成可可粉、草莓粉等。
- 蔓越莓也可以用其他干果或坚果代替。

Red velvet cake

红丝绒蛋糕

红丝绒蛋糕的起源众说纷纭，有的说起源于美国南部，有的说是加拿大，不过最有趣、最富有戏剧性的说法是起源于纽约的一家名叫 Waldorf-Astoria 的酒店。大约在 1959 年，一位女客人在这家酒店用餐，享用到了红丝绒蛋糕。她对这款蛋糕非常感兴趣，于是向酒店索要蛋糕师的名字以及蛋糕配方，酒店满足了她的要求。但不久之后，她收到了一份高额账单，原来酒店并不是无偿告知蛋糕配方的。这位女客人一怒之下，向全社会公布了红丝绒蛋糕的配方，也无意间让红丝绒蛋糕闻名全世界。

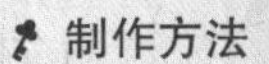

原料 A

低筋面粉 250 克
可可粉 20 克
泡打粉 20 克
盐 2 克

原料 B

黄油 80 克
色拉油 80 克
细砂糖 150 克

原料 C

鸡蛋清 120 克
红丝绒酱（red velvet）20 克

原料 D

牛奶 200 克
柠檬汁 15 毫升

原料 E

淡奶油 200 克
奶油奶酪 40 克
细砂糖 25 克
去壳杏仁 10 粒

模具

纸杯蛋糕模具
中号蛋糕纸杯适量

制作方法

❶ 将原料 A 混合搅匀。

❷ 将原料 C 中的鸡蛋清加入红丝绒酱中搅匀。

❸ 将原料 D 中的柠檬汁挤入牛奶中制成酸乳。

❹ 将原料 B 打发至乳白色无颗粒状（约高速打发 2 分钟），分 3 次加入步骤 2 的混合物，每次都要中高速打至融合蓬发。再加入步骤 1 的混合粉类，先开低速挡搅拌约 1 分钟（防止面粉喷撒在外面）。

❺ 最后分两次倒入步骤 3 的酸乳，搅拌均匀即可。将做好的蛋糕糊倒入纸杯中（约八分满）。

❻ 将烤箱调成上下火烘烤模式，预热至 180℃。将红丝绒蛋糕放入烤箱从下往上数第二层，烤 23~25 分钟即可。

❼ 将原料 E 的淡奶油打发至干性状态。将奶油奶酪软化后加入细砂糖打发，与淡奶油搅拌在一起抹在冷却的红丝绒杯子上，撒上切碎的杏仁装饰。

Tips

● 红丝绒酱是制作这道甜品的主要原料之一，主要成分是红色素和香精。成品的红丝绒酱可以在进口电商买到，也可以用红曲粉加香草香精代替，但口感会受影响。

● 我在这里用的是中号蛋糕纸杯，如果你使用小号或大号的蛋糕纸杯则需要缩短或延长烘焙时间。

Focaccia
意大利佛卡夏

原料

高筋面粉 400 克	冰水 350 克
低筋面粉 100 克	披萨草叶 50 克
盐 10 克	小番茄、黑橄榄、洋葱适量
酵母 10 克	海盐、橄榄油适量

佛卡夏是意大利最经典的一款主食面包，如果你去意大利餐厅吃饭，它一定会在餐前出现。这款面包用了很多橄榄油，添加了很多香草类食材，还有番茄干、橄榄、洋葱，在烤之前撒上海盐，香浓厚重，是典型的意大利味道！第一次尝佛卡夏的时候，我总有一种似曾相识的感觉，想了很久才发现它的味道与披萨是那么的类似。后来我才知道，原来佛卡夏就是用披萨的基础面团做出来的面包。

制作方法

❶ 将高筋面粉、低筋面粉、盐、酵母、披萨草叶与冰水混合，中速搅拌 12~15 分钟，搅拌至表面光滑且可拉出细腻的面膜。

❷ 将面团压成厚约 2 厘米的面饼，放在烤盘中淋上橄榄油（橄榄油基本覆盖住面团）。放入醒发箱 35℃醒发 45 分钟，醒发到面团表面蓬松，用手指戳下去感觉柔软且会回弹即可。

❸ 取出面团放在案板上（多余的橄榄油可以倒回瓶中继续使用），用刮板切成 6~7 厘米宽的长条，再切成三角形、长方形或者用圆形模具刻成圆形。

❹ 将刻好的佛卡夏放入烤盘中，将黑橄榄、番茄、洋葱切成小圆圈后均匀地放在面包上，撒上海盐。

❺ 烤箱调成上下火烘焙模式，预热到 220℃，把佛卡夏放入烤箱从下往上数第二层，烤 25 分钟即可。

● 揉面团的时候最好加入冰水。因为在机器搅拌面团时摩擦会导致高温，会使面团提前发酵，加入冰水揉面可以防止面团提前发酵。

● 上下火加蒸汽辅助功能可以代替醒发箱功能。如果没有蒸汽辅助的烤箱，可以将烤箱设置成普通烘焙模式，温度调至 35℃，在烤箱底部放一碗开水以增加烤箱的湿度，以此来醒发。

● 也可以将佛卡夏面团切开，在锅中加入橄榄油煎至金黄色再吃，味道更佳。

黑麦面包属于欧包的一种。欧洲人对面包的理解跟我们对面包的理解是完全不一样的。我们一般把面包当做早餐或零食，而欧洲人是把面包当做每餐必备的主食来享用的。这款黑麦包一般用来作为早餐。麦香四溢的黑麦粉配上坚果、干果制成黑麦面包，放入烤箱高温烘焙后，面包外脆里软，再抹上点黄油，那滋味一定会让你从此爱上它。

原料

高筋面粉 400 克	酵母 20 克	黑提干 75 克
黑麦粉 100 克	冰水 350 克	青提干 40 克
盐 10 克	核桃 150 克	杏脯肉 40 克

制作方法

❶ 将核桃切碎，杏脯肉切丝。

❷ 将高筋面粉、黑麦粉、盐、酵母、冰水用厨师机混合搅拌大约 13 分钟，搅至可拉出面筋，再拌入核桃、黑提干、青提干、杏脯肉。

❸ 将面团压平撒上干粉，放入醒发箱 35℃醒发 40 分钟，进行首次醒发。

❹ 取出首次醒发的面团，平均分成 4 块，搓成梭子形，放入醒发箱二次醒发 30 分钟。

❺ 取出二次醒发的面包，撒上干粉，在面包的表面用刀片划 3 条，表面用喷壶喷上水。

❻ 烤箱调成上下火模式，预热到 210℃，将面包放入烤箱从下往上数第二层，烤 22~25 分钟。

Tips

● 揉面团的时候最好加入冰水，因为在机器搅拌面团时摩擦会导致高温，使面团提前发酵。加入冰水揉面可以防止面团提前发酵。

● 上下火加蒸汽辅助可以代替醒发箱功能。如果没有蒸汽辅助的烤箱，可以将烤箱开至普通烘焙模式，温度调至 35℃，在烤箱底部放一碗开水以增加烤箱的湿度，以此来醒发。

● 最好用纤薄锋利的刀片去开刀口。

Rye bread

欧式黑麦面包

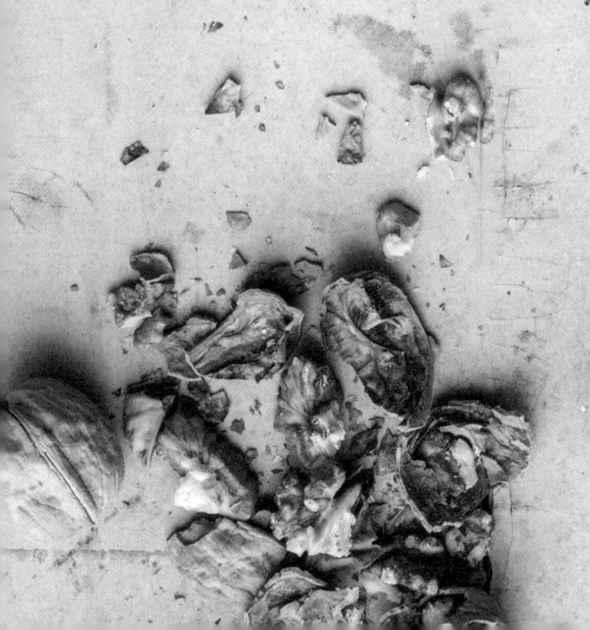

Bbaguette

法棍

原料

高筋面粉 400 克
低筋面粉 100 克
盐 10 克
酵母 10 克
冰水 350 克

模具

法棍模具 1 个

记得小时候看到美剧里主角购物回来都会带几根长长的法棍，就跑去超市满怀期待地买了一根，结果一吃失望至极，又干又硬。后来进入美食领域，才发现法棍可以搭配着黄油吃，也可以做成各种小食。法棍看似简单，却不平凡。它只用面粉、水、盐和酵母四种基本原料，对面包师的技艺要求极高，不要小看哦。

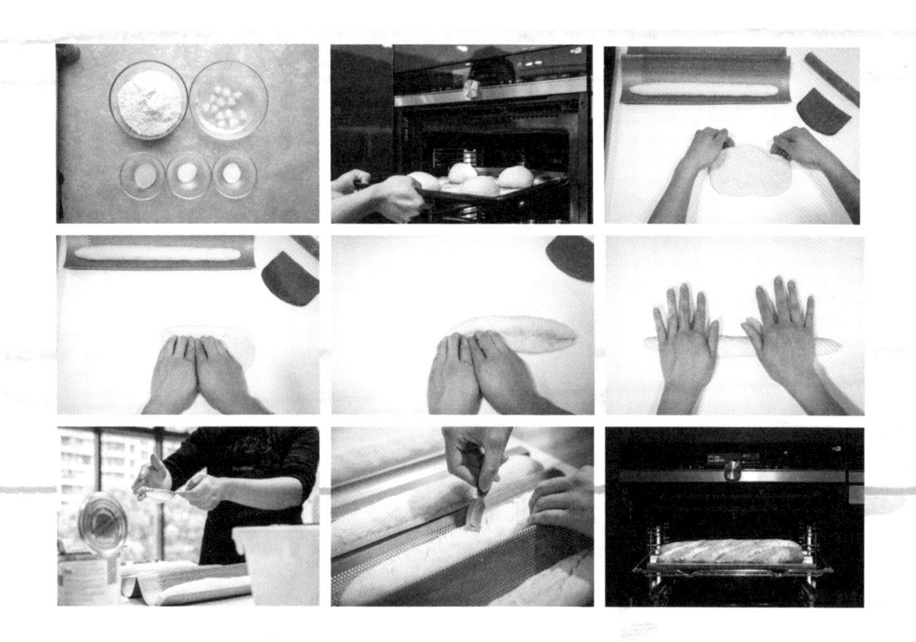

制作方法

❶ 将所有原料加入搅面机中搅拌 12~15 分钟至面团光滑均匀，且可以拉出光滑的面膜。

❷ 平均切成 4 块后放入烤箱醒发。（烤箱调到上下火烘烤模式，开启蒸汽辅助，温度调至 35℃醒发 40 分钟。注意上下火加蒸汽辅助可以代替醒发箱功能，没有蒸汽辅助的烤箱可以将烤箱开至普通烘焙模式，温度调至 35℃，在烤箱底部放一碗开水以增加烤箱的湿度。）

❸ 取出面团从上至下压成梭形后，再搓成长条状放在法棍模具中。

❹ 放入醒发箱 35℃继续醒发 50 分钟，取出用网筛均匀撒上面粉，用纤薄锋利的刀片划上 3 刀。

❺ 烤箱调成上下火烘烤模式，预热 220℃，将法棍放入烤箱从下往上数第二层，烤 25 分钟即可。

- 揉法棍面团的时候最好加入冰水，因为在机器搅拌面团摩擦时会导致高温，使面团提前发酵。加入冰水打面可以防止面团提前发酵。
- 因为法棍的表皮很脆，可以使用锯齿刀给法棍切片，这样不易切碎。

Cheese bread

乳酪面包

就像雨后春笋一样，仿佛在一夜之间乳酪面包就进入了我们的生活，征服了大家的味蕾。其实乳酪面包的基础面团就是我们常见的软包面团，进行改良后加入了奶油奶酪及奶香浓郁的全脂奶粉，让原本有些干涩的面包变得格外细滑香软，在短时间内就风靡了大江南北。

面包原料

高筋面粉 200 克
低筋面粉 50 克
酵母 3 克
黄油 30 克 +15 克
细砂糖 40 克
牛奶 120 克
淡奶油 25 克
鸡蛋 35 克
盐 3 克

奶酪馅心原料

奶油奶酪 200 克
糖粉 20 克
牛奶 25 克

粘粉原料

全脂奶粉 40 克
糖粉 10 克

模具

6 寸蛋糕模具

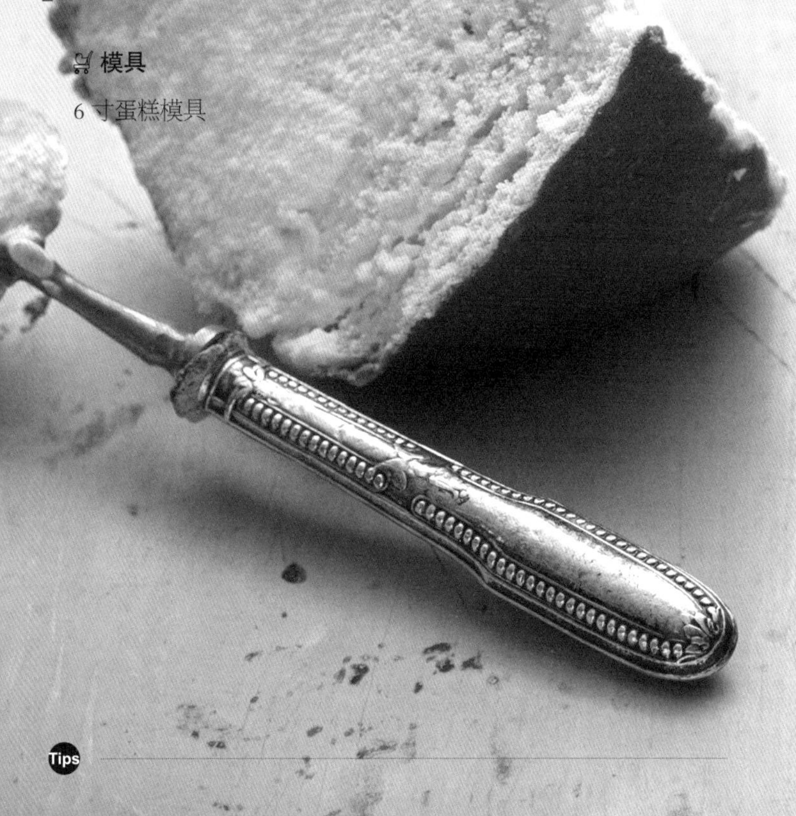

Tips

如果烤箱有蒸汽辅助功能的话，可以用烤箱代替醒发箱，启动上下火模式，温度设置为 35℃，蒸汽辅助调至高挡，放入面团醒发即可。

制作方法

❶ 将高筋面粉、低筋面粉、酵母、细砂糖、牛奶、淡奶油、鸡蛋、盐混合，用厨师机中速搅拌5分钟后加入30克软化的黄油。再继续搅拌8~10分钟，搅拌至有手套膜（用手将面团从中间向四边拉开，面皮光滑细腻如一张透明的薄膜即可）。

❷ 取出面团，放入盆中盖上保鲜膜，常温醒发1个小时。

❸ 制作奶酪馅心：将奶油奶酪隔热水与糖粉、牛奶混合搅拌均匀。

❹ 将15克黄油化开，均匀地涂抹在模具的底部与四壁。

❺ 将醒发好的面团平均分成两块。将分好的面团撒上干粉，用擀面杖擀平后包入调好的奶油奶酪。四周封口后，封口朝下放入6寸蛋糕模具中（调好的奶油奶酪取2/3作为面包馅，1/3作为最后涂抹在面包表面的奶酪）。

❻ 放入醒发箱35℃进行二次醒发，1个小时后取出（没有醒发箱的话，可以放入烤箱内，将温度调至35℃，在底部放上一碗烧开的水即可）。

❼ 烤箱调成上下火烘烤模式，预热到170℃，将二次醒发好的面包放入烤箱从下往上数第二层，烤22~25分钟即可。

❽ 取出面包冷却后用锯齿刀切成6块，在面包的切面上均匀地抹上剩下的1/3奶油奶酪，粘上由奶粉和糖粉混合成的混合奶粉即可。

这是一道变废为宝的美食。一般隔夜的面包因为水分的流失会变得很干，大多会被人丢弃。其实我们可以将此类面包泡在布丁液里，让面包完全吸收布丁的汁水，再加入朗姆提子干、杏仁片一起放入烤箱中水浴烘焙，最后再淋上蜂蜜。一勺下去香糯柔软，绝对赋予了面包新的生命。

Bread pudding

面包布丁

原料

牛角包 6 只	香草精 2 滴
淡奶油 200 克	杏仁片 50 克
白砂糖 50 克	提子干 40 克
牛奶 200 克	朗姆酒适量
鸡蛋 3 个	蜂蜜 10 克

制作方法

❶ 将提子干用朗姆酒浸泡 5 个小时。

❷ 将淡奶油、牛奶、白砂糖、鸡蛋、香草精混合搅拌。

❸ 将牛角包放入陶瓷烤盘，倒入步骤 2 的鸡蛋牛奶混合物，挤压牛角包使其充分吸收鸡蛋牛奶液。

❹ 将朗姆提子干和杏仁片均匀撒在面包布丁上面。

❺ 烤箱调成上下火烘烤模式，预热到 180℃，蒸汽辅助调到高挡。将面包布丁放在烤箱从下往上数第二层，烤 35~40 分钟即可。

Tips

- 牛角包也可以用其他面包替换。
- 提子干也可以用橙汁浸泡，浸泡时需要完全没过提子干。
- 做面包布丁的容器必须是耐高温的或是烤箱专用的。
- 烤箱没有水浴烘焙功能的话，可以将其设置为上下火烘烤模式，将面包布丁放入烤箱从下往上数第二层，并在底部放上一盆开水以增加烤箱的湿度。

如果你是一个爱酒之人，那你一定会迷上这一篇。假如你不爱酒精，没有关系，我相信你也会被本篇颜色亮丽、造型各异的鸡尾酒吸引。鸡尾酒从古至今，随着岁月的变迁，经历了华丽的转身。从最初的古典鸡尾酒，到融合更多元素（如加入果汁和气泡）的鸡尾酒，再到如今层次复杂的多种类组合。在调酒师的不断创新下，鸡尾酒变得越来越丰富多彩。这里介绍的鸡尾酒有古典的，有创新的，还有无酒精的，而且还附有适合聚会的两道小食，希望可以给你的餐桌带来一道别样的风景。

PART5

鸡尾酒 & 小食

Cocktails & Snacks

贵妃蓝 China blue

在荔枝利口酒中有一个知名品牌，叫做贵妃，这大概是因为荔枝常常会让人联想到华贵的杨贵妃。这款鸡尾酒本身呈现的蓝色也非常讨喜，适合女士。

原料

伏特加 45 毫升
荔枝酒 15 毫升
柠檬汁 25 毫升
单糖浆 20 毫升
蓝橙酒 5 毫升
冰块适量

制作方法

❶ 准备一只摇酒器，加入冰块至约八分满。
❷ 将所有原料倒入摇酒器，摇匀后滤至杯中即可。

Gin tonic 金汤力

在全世界的大鸡尾酒中，金汤力是当之无愧的“先来一杯”。圆润剔透的冰块，透明的蒙着一层水汽的高杯，乍看像一杯气泡水，杯中的一角柠檬显得格外亮眼可爱。在炎热的夏日午后，来一杯金汤力，杜松子清香，汤力水微苦，和冰块、气泡一起带来的刺激爽快几乎没有人会拒绝。

原料

- 金酒（杜松子酒）60 毫升
- 柠檬适量
- 汤力水适量
- 冰块适量

制作方法

❶ 准备一只柯林杯，加入大冰块。

❷ 再加入金酒搅拌 30 秒。

❸ 缓缓倒入汤力水至九分满。

❹ 吧勺提拉冰块，最后用柠檬装饰。

作为一款脍炙人口的经典鸡尾酒，黑俄罗斯受到很多咖啡爱好者的喜欢。伏特加本身不抢镜的特性让咖啡利口酒的醇厚、甘甜发挥得淋漓尽致却又不失酒的烈度。

Black Russian

黑俄罗斯

原料

咖啡酒 30 毫升
伏特加 60 毫升
冰块适量

制作方法

❶ 在古典杯中放一颗大冰块。
❷ 依次加入伏特加和咖啡酒。
❸ 搅拌 30 秒左右至均匀。

也许是因为口味上有很多共通的地方，从开始用咖啡当做原料，到后来使用咖啡壶调酒，鸡尾酒和咖啡的关系越来越近。咖啡马天尼是两者结合最经典的新式鸡尾酒的代表，咖啡、咖啡利口酒和伏特加调和在一起，既浓又醇，是酒精、咖啡爱好者的心头至爱。

Coffee Martini

咖啡马天尼

原料

新鲜萃取咖啡 30 毫升
咖啡利口酒 15 毫升
伏特加 45 毫升
冰块适量

制作方法

❶ 准备一只摇酒器，加入冰块至约八分满。
❷ 加入咖啡、咖啡利口酒和伏特加后均匀摇晃约 30 秒。
❸ 倒入鸡尾酒杯中即可。

Clove and apple cocktail

丁香苹果

寒冷的冬日里，你如果需要一杯暖身暖心的无酒精饮料，那这道丁香苹果是我第一个要推荐给你的。丁香、肉桂、橙皮和苹果汁，听上去很像是美味的苹果派对，如果你想偷偷加一点酒也可以，我的建议是白兰地。

原料

鲜榨苹果汁 800 毫升
苹果 1 只
橙子半只
柠檬 2 片
肉桂棒 2 根
丁香籽 15 颗

制作方法

❶ 将苹果去芯切片，橙子带皮切片。
❷ 将肉桂棒、丁香籽用清水洗净。
❸ 准备一只不锈钢汤锅，加入所有食材，用小火慢煮，待苹果肉透明即可关火。

Almond and cranberry cocktail
杏仁蔓越莓

杏仁给人的感觉总不如其他坚果来得友好，更别说和水果搭配了。但是如果你能放下心中的成见，试着做做这杯无酒精饮料，那你一定会收获惊喜的。杏仁的风味和柠檬、蔓越莓搭配，不仅让蔓越梅汁本身不令人愉悦的"汽油味"大大减少，而且让味道更加丰富、有趣。

原料

杏仁糖浆 20 毫升
柠檬汁 30 毫升
糖浆 10 毫升
蔓越莓果汁 60 毫升
冰块适量
薄荷叶少许

制作方法

❶ 准备一只摇酒器，加入冰块至约八分满。
❷ 倒入杏仁糖浆、柠檬汁、糖浆、蔓越莓果汁后均匀摇晃。
❸ 在柯林杯中装满冰块后倒入杏仁蔓越莓汁。

香槟兑入其他饮料中常会让人觉得是暴殄天物，但殊不知，贝里尼和含羞草一直都是上流名媛们最爱的两款香槟鸡尾酒，充满了果汁的清新和童趣。这款香槟鸡尾酒诞生在盖茨比所在的20世纪20年代，更为稳重一些。苦精和糖这两种材料看似简单，却让这轻盈的鸡尾酒多了许多层次。

原料

方糖1块
橙味苦精1滴
香槟180毫升

制作方法

❶ 在香槟杯的杯底放入一颗方糖，滴入橙味苦精至浸润完全。

❷ 缓缓倒入冰镇后的香槟即可。

伯爵茶和佛手柑一直以来都是绝妙的组合，佛手柑的清香会让稍显沉闷的伯爵茶变得活泼起来。这杯鸡尾酒则是用伯爵茶浸渍的金酒作为基酒，加入了洛神花和佛手柑，带来丰富果香。最后兑入的苏打水更是让整杯酒充满了夏日的清凉气氛。

Earl grey and bergamot cocktail

伯爵茶佛手柑沁饮

原料

- 伯爵茶浸渍的金酒 45 毫升
- 佛手柑和洛神花熬制的糖浆 30 毫升
- 柠檬汁 25 毫升
- 薄荷叶少许

制作方法

❶ 糖浆的制作方法：水和白砂糖以 1 ∶ 1 的比例煮沸，之后加入佛手柑和洛神花各 20 克，再次沸腾后小火熬制 10 分钟，关火，静置到常温即可使用。

❷ 将所有原料加入摇酒壶中摇匀，倒入加了冰块的杯子中，用薄荷叶装饰。

Tapas 法棍小食

作为西班牙的国粹，Tapas 可以说和斗牛、伊比利亚火腿一样声名远扬。我经常会制作这道菜，因为它外形相当轻巧、亮丽，而且可以发挥最大的想象力去设计、制作。简单的法棍抹上酸奶油，再搭配各式各样的果蔬、肉类，非常适合冷餐会和下午茶。一般我都会做很多种口味的 Tapas 和朋友分享，大家都对其轻盈多层次的口感赞不绝口。

原料

法棍 1 根（制作参见第 179 页）
软化黄油 100 克
奶油奶酪 200 克
柠檬汁 30 克
海盐 2 克
淡奶油 10 克
橄榄油、盐、黑胡椒适量

配料

芦笋、牛油果、草莓适量
茄子、蓝莓、吞拿鱼适量
沙拉米、橄榄、帕马森芝士适量
烟熏三文鱼、蓝莓适量

制作方法

❶ 将法棍用锯齿刀切成厚约 1.5 厘米的片，抹上黄油放入烤箱。开启 4D 热风模式，调到 200℃，将法棍烤成金黄色后让其自然冷却。

❷ 奶油奶酪隔热水软化，加入柠檬汁、海盐、淡奶油调成酸奶油。

❸ 将酸奶油均匀地抹在烤好的法棍片上。

❹ 根据自己的喜好制作许多款式，比如可以将茄子切片，和芦笋一起用盐、黑胡椒腌制一下，煎熟，放在抹有酸奶油的法棍上。也可以将水果、烟熏三文鱼、沙拉米直接切片放在上面制成 Tapas。

●需要等烤好的法棍完全凉透后再抹上酸奶油。

●可以根据自己的喜好将一些可以直接食用的果蔬和肉类放在法棍上制成 Tapas。建议吞拿鱼配鱼籽刁草、小番茄配新鲜芝士、烟熏三文鱼配水瓜柳。

三明治是一种简单快速的美食，只需要简单的步骤就可以完成。最早人们是为了寻找一种快速、简单、美味的食物而发明的三明治，但现在越来越多的美食创意被运用到了三明治的制作上。人们会用到芝士、火腿、大虾、鱼肉、牛油果等食材，让三明治的内容越来越丰富。如今三明治的作用不仅仅是填饱大家的肚子，更给我们带来了越来越多的味觉享受。

原料

黑麦面包（参见第 175 页）
洋葱适量
生菜适量
黄瓜适量
小番茄适量
车达芝士 1 片
牛排适量
芦笋适量
虾仁适量

Rye sandwich
黑麦三明治

配料

黄油适量
原味沙拉酱适量
盐、黑胡椒适量
橄榄油适量

制作方法

❶ 将黑麦面包切成厚约 1 厘米的面包片，在表面均匀地抹上黄油，放入烤箱，开启大面积焗烤模式，烤至褐黄色。

❷ 将洋葱切成圈后煎熟。黄瓜切片，小番茄对半切开。

❸ 将牛排用盐和黑胡椒腌制，抹上橄榄油，放入锅中用中火煎熟后切成条状。

❹ 在黑麦面包片上涂抹好沙拉酱，依次放上生菜、洋葱、黄瓜、牛排、芝士片、小番茄，再盖上一片黑麦包，在三明治的两边各插入竹签，用锯齿刀在中间部位切开。

❺ 将牛肉换成虾仁的话，可以配上芦笋或牛油果制作成大虾芦笋三明治。

- 可以将牛肉换成火腿或者双面煎蛋。
- 涂抹面包的黄油，需要在室温下软化。
- 三明治里面的牛肉、黄瓜等食材应切得薄一点儿，以方便食用。

THANK YOU

致谢

在此，我想对过去 3 年里，帮助我完成这本书的所有人说一声：万分感谢。尤其感谢姜赛敏女士，是她最初促成了我的出书想法。3 年前，在一次闲谈中，她说我可以将这些年走过的美食之路完整地记录下来，给自己的爱好和梦想留下纸质的纪念，就把我推荐给了出版社的编辑。她也是我的第一位读者。经过 3 年的策划与润色，这本书终于要面市了，它也从我一个人的梦想变成了我身边一群人的梦想。文字本是为了给自己触动与回忆，如果你也喜欢，我将荣幸之至，再次感谢姜赛敏女士。

感谢浙江科学技术出版社的编辑王巧玲。很庆幸能够找到这么认真、负责的编辑和我一起完成这本书。无论是前期的食谱选择、主题导向，现场的美食制作、拍摄讨论，还是后期的页面设计、文字校对、排版印刷，她都是一丝不苟、亲力亲为地跟进。她是我这本书的大脑，让我这本书尽量没有过多遗憾。

感谢我的夫人丁春蕾，感谢你为这本书默默无闻的付出。记得刚撰写这本书的时候，我们的女儿才 1 岁，正是需要照顾的时候，但是出书繁琐的事务让我经常早出晚归。你不但没有抱怨，而且还勉励我，使我能够全身心投入食谱的制作。我想把这本书送给你和我的两个女儿艾媛和艾萱。喜欢做美食时艾媛在我旁边的亲密陪伴。由于艾萱刚出生不久，没能像姐姐一样和爸爸一起将这一瞬间记录在这本书上。爸爸想对你们说一句：“我爱你们。”希望爸爸妈妈的陪伴能够给你们的童年带来美好的回忆。

感谢我的好友，这本书的美食摄影师陈帅。我们因此书而相识，因此书成为好友。为了达到期望的拍摄效果，我们一起去农村淘拍摄道具、背景底板。感谢你的专业付出。80 道美食，每一道都经过我们细致的讨论、精心的布景拍摄，你的好多构思为这本书增色不少。

感谢美食界的前辈张剑、欧阳应霁、Colin、铁钢老师、李炳清、马宁为我这本书写书评推荐。你们都是我相识近 20 年的前辈，在美食和为人方面给了我很多启示，是我学习的榜样。

感谢为此书写书名的阿布。当这书定稿的时候，我们一直找不到合适的封面书名字体，困扰了好久。还好通过朋友小菩提介绍认识了北京的阿布。当我将他手写的书名发给编辑的时候，她不禁喜出望外，这就是她想要的字体。笔锋洒脱、刚劲有力，很适合我这本书，阿布的书法让这本书又向完美迈近了一步。

感谢我的肖像摄影师大王，你独特的拍摄构思和极具格调的摄影手法，让我这个并不上照的大厨，变得极具个性。

感谢热意餐厅的老板笑笑，书中许多器皿都是她从世界各地淘来的。谢谢她的慷慨让我的美食能够更加完美地呈现出来。感谢我热心的邻居冯姐，你从国外带回来的盘子很漂亮。不过我最喜欢的还是你的热情爽朗，在我们疲惫的时候给我们的拍摄工作注入了许多活力。谢谢你热心地充当了我们的手模。大家可以在书里找找看，里面有一双妈妈的手。感谢青山生活馆的老板娘娟儿，特别喜欢你家的银质小勺，搭配甜品显得格外精致。

感谢这本书的装帧设计师芸芸，感谢你为这本书的内页、封面所作的用心设计。从电话沟通到现场讨论，虽然被我们“虐待”了无数回，封面设计了不知道多少稿，但是你都任劳任怨，一丝不苟，最后做出了令我们都满意的封面。

再次，由衷地、发自内心地感谢你们，谢谢你们的付出！

欧文（Owen Lee），原名李一俊。

欧文这个名字是他刚踏上学厨之路的时候取的，一直跟随他至今。他是一个喜欢美食、喜欢摄影的大男孩。学厨出身，学过中餐、西餐，也接触过东南亚菜。做过厨工，做过酒店厨师长，后来因不喜欢后厨工作的局限性和每天单调、重复、机械的工作模式而辞去酒店工作。现为知名家电品牌美食顾问。

他觉得美食最自由的状态就是“做自己想做的美食”，沉迷于不断创新、不断改变的美食模式。他喜欢中餐的博大精深，喜欢日韩料理的本真原味，喜欢东南亚菜的热情多彩，更喜欢西餐的自由随性。他认为美食应该开放、包容，保持好奇心，勇于尝试，在美食中感受各国风情，然后慢慢为我所用。所有的一切构成了一个开放、包容的格局，这就是欧文的无国界的创意厨房。

陈 帅（Shine C.），商业摄影师，毕业于中国美术学院。

2011 年创立聚帅文化创意有限公司。凭其扎实的摄影功底和独特的摄影视角受到众多主流杂志与国际品牌的青睐。常年为博世西门子、嘉里建设、绿城、万科、万达等企业进行拍摄。

2013 年凭着最初对汽车行业的热爱，开始涉足汽车摄影行业。先后为大众、福特、路虎、宝马、别克、丰田、奥迪、保时捷、沃尔沃等品牌拍摄大片，并为赫斯特集团 *Hearst Magazine* 等专业汽车媒体提供拍摄。

2014 年前后拍摄齐秦、李健、张学友、黄宗泽、林宥嘉、李霄云等一线明星。

2015 年担任《食趣：欧文的无国界创意厨房》摄影师。同年应邀拍摄宴西湖菜品。

2016 年应邀为 G20 峰会、印象西湖及乌镇互联网大会拍摄。

2017 年由他担任摄影师的《食趣：欧文的无国界创意厨房》出版。

摄影师简介

微信

微信公众号

图书在版编目（CIP）数据

食趣：欧文的无国界创意厨房 / 欧文著. — 杭州：浙江科学技术出版社，2017.10
ISBN 978-7-5341-7871-9

Ⅰ.①食… Ⅱ.①欧… Ⅲ.①食谱 Ⅳ.①TS972.12

中国版本图书馆 CIP 数据核字（2017）第 216061 号

书　　名　食趣：欧文的无国界创意厨房
著　　者　欧文
食谱摄影　陈帅 / 封面人物摄影　大王 / 封面书法　阿布

出版发行　浙江科学技术出版社
杭州市体育场路 347 号　邮政编码：310006
办公室电话：0571-85062601
销售部电话：0571-85062597
网　址：www.zkpress.com
E-mail：zkpress@zkpress.com
排　　版　杭州兴邦电子印务有限公司
印　　刷　浙江海虹彩色印务有限公司

开　　本　889×1194　1/16　　印　张　13
字　　数　250 000
版　　次　2017 年 10 月第 1 版　　印　次　2017 年 10 月第 1 次印刷
书　　号　ISBN 978-7-5341-7871-9　　定　价　68.00 元

责任编辑　王巧玲　仝　林　　责任校对　杜宇洁
责任美编　金　晖　　责任印务　田　文